自然物质的结晶

矿物

王子安◎主编

汕頭大學出版社

图书在版编目（CIP）数据

自然物质的结晶 ：矿物 / 王子安主编. -- 汕头 ：汕头大学出版社，2012.5（2024.1重印）
ISBN 978-7-5658-0828-9

Ⅰ. ①自… Ⅱ. ①王… Ⅲ. ①矿物—普及读物 Ⅳ. ①P57-49

中国版本图书馆CIP数据核字(2012)第097925号

自然物质的结晶：矿物

主　　编：王子安
责任编辑：胡开祥
责任技编：黄东生
封面设计：君阅天下
出版发行：汕头大学出版社
　　　　　广东省汕头市汕头大学内　邮编：515063
电　　话：0754-82904613
印　　刷：唐山楠萍印务有限公司
开　　本：710 mm×1000 mm　1/16
印　　张：12
字　　数：70千字
版　　次：2012年5月第1版
印　　次：2024年1月第2次印刷
定　　价：55.00元
ISBN 978-7-5658-0828-9

前　言

这是一部揭示奥秘、展现多彩世界的知识书籍，是一部面向广大青少年的科普读物。这里有几十亿年的生物奇观，有浩淼无垠的太空探索，有引人遐想的史前文明，有绚烂至极的鲜花王国，有动人心魄的考古发现，有令人难解的海底宝藏，有金戈铁马的兵家猎秘，有绚丽多彩的文化奇观，有源远流长的中医百科，有侏罗纪时代的霸者演变，有神秘莫测的天外来客，有千姿百态的动植物猎手，有关乎人生的健康秘籍等，涉足多个领域，勾勒出了趣味横生的“趣味百科”。当人类漫步在既充满生机活力又诡谲神秘的地球时，面对浩瀚的奇观，无穷的变化，惨烈的动荡，或惊诧，或敬畏，或高歌，或搏击，或求索……无数的探寻、奋斗、征战，带来了无数的胜利和失败。生与死，血与火，悲与欢的洗礼，启迪着人类的成长，壮美着人生的绚丽，更使人类艰难执着地走上了无穷无尽的生存、发展、探索之路。仰头苍天的无垠宇宙之谜，俯首脚下的神奇地球之谜，伴随周围的密集生物之谜，令年轻的人类迷茫、感叹、崇拜、思索，力图走出无为，揭示本原，找出那奥秘的钥匙，打开那万象之谜。

地球是人类赖以生存的家园，而地球的表面都是由各种各样的矿物构成的。矿物是大自然赐予人类的宝藏，随着社会的发展、科技的进步和经济发展的需要，人们对矿物的需求也越来越大，对其的利用也越来越广，矿物已经成为人类生产和生活中不可或缺的一部分。

矿物与人类的生产和生活联系也越来越紧密，也影响着人们的生产生活。为了能够更好地利用矿物给人类创造美好的生活和美好的明天，就必须对矿物的物理和化学性质有更多的了解，然后才能加以运用。因此，《自然物质的结晶：矿物》一书就矿物的基本知识、矿物的特性与形状、矿物的分类、矿物与人类的关系以及有关矿物的珍闻轶事进行叙述，以飨读者。

此外，本书为了迎合广大青少年读者的阅读兴趣，还配有相应的图文解说与介绍，再加上简约、独具一格的版式设计，以及多元素色彩的内容编排，使本书的内容更加生动化、更有吸引力，使本来生趣盎然的知识内容变得更加新鲜亮丽，从而提高了读者在阅读时的感官效果。

由于时间仓促，水平有限，错误和疏漏之处在所难免，敬请读者提出宝贵意见。

2012年5月

目录

第一章　走进矿物迷宫

第二章　矿物的特性与形状

第三章 矿物的分类

第四章 矿物与人类的关系

第五章 矿物的珍闻轶事

第一章

走进矿物迷宫

地球是人类赖以生存的家园，其表面由各种各样的矿物构成。矿物是由地质作用而形成的天然单质或化合物。矿物一般具有相对固定的化学组成，固态者还具有确定的内部结构，它们在一定的物理化学条件范围内相对较稳定，是组成岩石和矿石的基本单元。目前已知的矿物约有3000种左右，大部分是固态无机物，液态的（如石油、自然汞）、气态的（如天然气、二氧化碳和氦）以及固态有机物（如油页岩、琥珀）仅占数十种。

矿物是大自然赐予人类的宝藏，随着社会的发展、科技的进步和经济发展的需要，人们对矿物的需求也越来越大，对其的利用也越来越广，矿物已经成为人类生产和生活中不可或缺的一部分。

那么，究竟什么是矿物呢？本章主要通过矿物的概念、命名和矿物与矿石、岩石等的介绍来阐述矿物，通过对本章的阅读，读者对矿物将会有很好的了解。

矿物的概念

人类无时无刻不接触着矿物，矿物与人类的生活息息相关。人们的衣、食、住、行等各个方面都离不开矿物。比如：建造房屋所需要的各种材料，随身佩带的饰物，日常食用的食盐……都来源于矿物。

那么，就应该弄明白一个很重要的问题，即什么是矿物。

◆金刚石

◆石　英

目前，经过专家们长期的研究和总结，给矿物的定义是需要同时具备下列条件：

（1）矿物是组成矿石和岩石的基本单位。

（2）矿物需要具有一定的化学成分。如金刚石成分为单质碳(C)，石英为二氧化硅(SiO_2)，但天然矿物成分并不是完全纯，常含有少量杂质。

（3）矿物具有较为稳定的物理性质。如方铅矿呈钢灰色，有很亮的金属光泽，不透明，它的粉末（条痕）为黑色，较软（可被小刀划动），可裂成互为直角的三组平滑的解理面（完全解理），较重。

（4）矿物还具有一定的晶体结构，它们的原子是有规律地排列。如石英的晶体排列是硅离子的四个角顶各连着一个氧离子形成四面体，这些四面体彼此以角顶相连在三维空间形成架状结构。

如果有充分的生长空间，固态矿物一般都有一定的形态。如金刚石形成八面体状，石英常形成柱状，柱面上常有横纹。当没有生长空间时，它们的固有形态就不能表现出来。

（5）矿物是各种地质作用形成的天然化合物或单质，如火山作用、地壳运动等。它们可以是固态（如石英、金刚石）、液态（如自然汞）、气态（如火山喷气中的水蒸气）或胶态（如蛋白石）。

矿物名称趣谈（一）

有一句话能正确地表达矿物、岩石和地壳之间的关系，那就是：地壳是由岩石组成的，岩石是由矿物组成的，矿物是构成岩层、岩体、矿体等各种地质体的基本单位。

矿物种类繁多，据最新的统计，目前世界上的矿物种属已经有3000多种。矿物学家把这些矿物按照一定的原则进行了分类。虽然分类的原则不同，分出的类别也不尽相同，但每一种具体矿物都有相应的名称。

◆硼　砂

在国际上，有一个专门机构叫“新矿物及矿物命名委员会”，它专门负责新矿物的审定及其命名工作，我国也有一个相应的分支机构。然而，需要说明的是，每一种矿物只有一个正式的名称，但和人的名字有小名、别名之分一样，有的矿物也有其他名字。下面，我们就来谈谈有关矿物命名的一些基本规则以及一些有趣的矿物名称。

在现有的中文矿物名称中，只有一小部分是我国古代人民所创造且沿用至今的。下面列举几个这方面的例子。

密陀僧——此名乍看像是僧人的名字，而事实也确实如此。古文载：“密陀，没多并胡言也，也波斯国……密陀僧，取原银冶者”。大意是古人最早见到一个波斯僧人冶炼银子，就将他冶炼的那种石头叫做密陀僧。密陀僧实际上是氧化铅，僧人也不是在冶炼银子，而是在炼丹（古代的丹药中含有很高的铅）。

◆雌　黄

硼砂——如果矿物名称中含“砂”，表明这类矿物往往以细小颗粒产出，而硼则说明了矿物中含硼的成分特点。实际上，硼砂就是一种硼酸盐矿物，经常以细小颗粒状产出于干旱地区。

雄黄和雌黄——这两个名字都是我

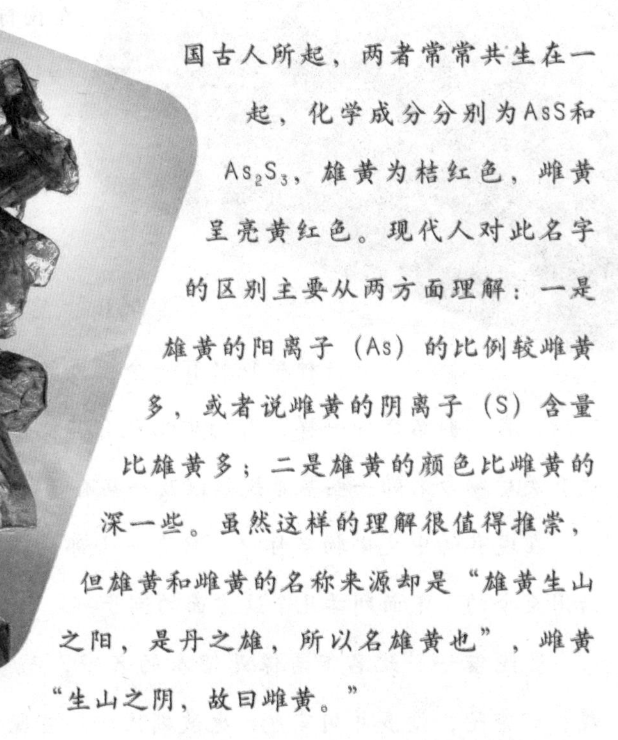
◆胆矾

国古人所起，两者常常共生在一起，化学成分分别为AsS和As_2S_3，雄黄为桔红色，雌黄呈亮黄红色。现代人对此名字的区别主要从两方面理解：一是雄黄的阳离子（As）的比例较雌黄多，或者说雌黄的阴离子（S）含量比雄黄多；二是雄黄的颜色比雌黄的深一些。虽然这样的理解很值得推崇，但雄黄和雌黄的名称来源却是“雄黄生山之阳，是丹之雄，所以名雄黄也”，雌黄“生山之阴，故曰雌黄。”

胆矾——“矾”在矿物名称中特指那些易溶于水的物质，这里的“胆”则“以色味命名”。胆矾是一味矿物药，古代常作为涌吐药，服后会引起呕吐，因此不难理解胆矾的含义。胆矾是一种含水的硫酸铜矿物，易溶于水。

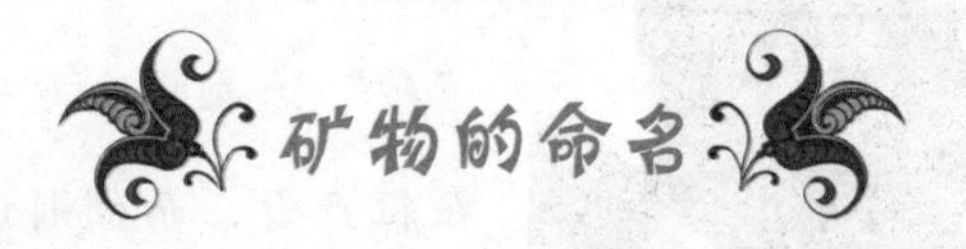

矿物的命名

◎矿物的科学命名

矿物的命名确实是一个比较繁琐的事情，每个命名机构依据不同的分类来命名，其所命的名字也会不一样，所以，为了方便起见，矿物命名的方法主要规定为以下几种：

◆天青石

黄铜矿、辉锑矿、方铅矿、磁铁矿。

矿物的形态及物性，如：红柱石、绿柱石。

（5）以矿物发现的地名命名如：香花石（发现于我国香花岭），高岭石（我国江西高岭产的最著名）。

（6）以矿物发现人名字命名如：章氏硼镁石（可译为鸿钊石，为纪念我国地质学家章鸿钊而命名）。

（1）以化学成分命名如：锰铁矿、银金矿。

（2）以物理性质命名如：重晶石（相对密度大），方解石（具菱面体解理），孔雀石（孔雀绿色），天青石（天青色），蛇纹石（颜色斑驳如蛇皮）。

（3）以形态特点命名比如：榴子石（四面三八面体或菱形十二面体状似石榴子），十字石（双晶呈十字形）。

（4）结合两种特点命名：矿物的成分及性质，如：赤铜矿、

◆蛇纹石

但以矿物特征即前四个命名的居多，这有助于熟悉该矿物的成分和性质。

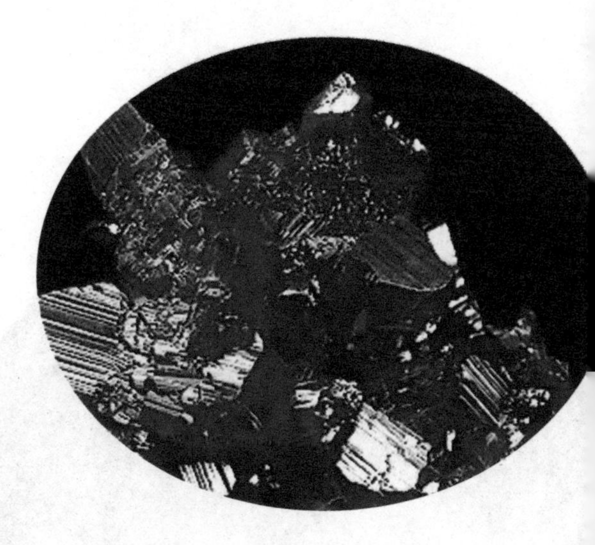
◆雄 黄

◎ 我国的命名习惯

在矿物的命名方面，我国有着悠久的历史，早在两千多年前，古籍《山海经》中就记载了关于水晶、雄黄等矿物的名称，而且这些矿物的名称到现在仍然在沿用。

◆黄铜矿

习惯上，我国对于呈现金属光泽或者可以从中提炼金属的矿物，称为某某矿，如方铅矿、黄铜矿；把硫酸盐矿物常称为某矾，如胆矾、铅矾；把地表松散矿物常称为某“华”，如砷华、镍华、钨华；把具玻璃或金刚光泽的矿物称为某某石，如方解石、孔雀石；把玉石类矿物常称为某玉，如硬玉、软玉；矿物的中文名称除少数由中国学者发现和命名（如锂铍石、香花石、彭志忠石等）沿用中国古代名称(如石英、云母、方解石、雄黄等)者外，还有一个重要的

◆重晶石

然而，有些具体的命名又有各种不同的依据。有的依据矿物本身的特征，如成分、形态、物理性质等命名；有的以发现、产出该矿物的地点或某人的名字命名。例如锂铍石liberite（成分）、金红石rutile（颜色）、重晶石barite（比重大）、十字石 staurolite（双晶形态）、香花石hsianghualite（发现于湖南临武香花岭）、彭志忠石pengzhizhongite（纪念中国结晶学家和矿物学家彭志忠）等。

命名则是外文名称。其中有的是用意译，如金红石、重晶石、十字石等；大多数则是根据矿物成分，间或考虑物理性质、形态等特征另行定名，如硅灰石(原名wollastonite，为纪念英国化学家W.H.Wollaston而来)、黝铜矿（原名tetrahedrite，意译应为四面体矿）等；少数名称为音译，如埃洛石（halloysite）等；还有音译首音节加其他考虑的译名，如拉长石（原名labradorite，来源于加拿大地名Labrador）等。

◆金红石

◆滑　石

矿物名称趣谈（二）

滑石——滑石的命名显然来自于其“脂膏滑腻”的特性，用科学语言说就是硬度很低，其硬度为1，是最软的矿物之一。古代也称之为“画石”，也是因为其硬度低，“其软滑可以写画也”。滑石的一种含铝（Al）的层状硅酸盐矿物。

云母——云母是一类常见的层状硅酸盐矿物，其名字带有明显的中国古代色彩。按照《荆南志》云：“华容方台山出云母，土人候云所出之处，于下掘取，无不大获，有长五六尺可为屏风者。”所以古人认为“此石乃云之根，故得云母之名”。现在，云母这个名称指的是一类矿物，包括了黑云母、白云母、金云母等。

◆方解石

方解石——顾名思义，方解石被敲碎以后，块块方解，因此得名。这番解释说明了方解

◆石　膏

石的解理特性，敲击方解石，其碎块均呈菱面体样的块状形态。方解石是非常常见的矿物，化学组成为$CaCO_3$，人们常见的钟乳石和石钟乳都是由它们组成的，只是结晶的颗粒非常细小，显示不出“块块方解”的性质而已。

石膏——石膏不仅可以用来“点豆腐”，也可以入药，它是一味治疗寒热、逆气的矿物药，化学组成为含水硫酸钙。其名称来源可能与古人炼丹有关。古文记载，石膏“火煅细研醋调，封丹灶，其固密甚于膏脂”，可能石膏的名称就是这样得来的。

这样的例子还可以再列举一些，如阳起石、玛瑙（马脑）、钟乳石等，大家可以顾名思义知道这些名称的含义。

还有一些古代矿物的名称，它们看起来和现在的名称无异，但所指的具体矿物则迥然不同。例如，人们说的自然铜，指的是Cu这样的单质，而古代所说的“自然铜”则指的是黄铁矿或者黄铜矿。又比如，长石是一类架矿

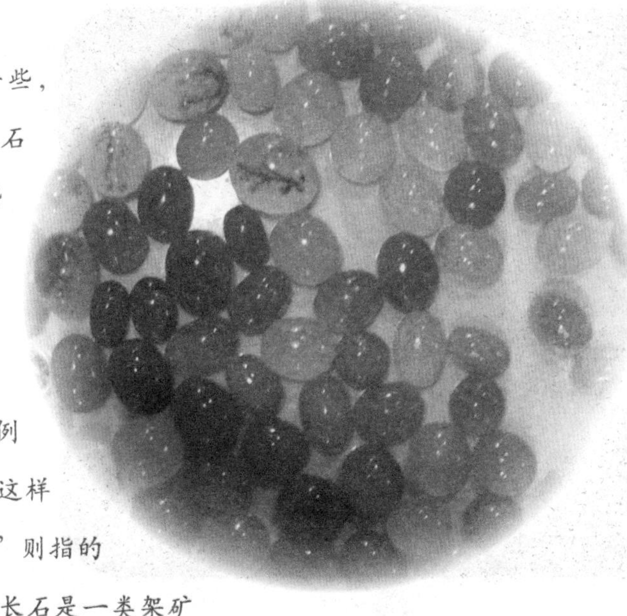

◆玛　瑙

硅酸盐矿物的总称，包含很多种属，而古代所称的长石却是我们现在说的硬石膏。还有就是古代的紫石英，也不是指紫颜色的水晶，而是指的现在的萤石（CaF_2）。

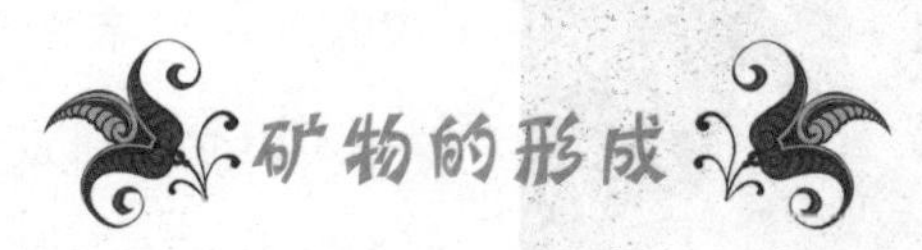

矿物的形成

◎ 矿物的形成方式

任何事物都有其形成的方式，矿物当然也有其自己的形成方式。矿物是在大自然中形成的。自然界的各种地质作用中，都有矿物的形成。那矿物是由哪些主要的方式生成的呢？

◆食　盐

◆地　球

食盐是在海边利用海水晒成出来形成的，这需要溶液达到过饱和的状态，最后结晶形成矿物。这仅仅是形成矿物的一种形式。

地球的表面崎岖不平，高山、大海、河流、湖泊等纵横交错，织成了一幅幅壮丽的锦绣河山。在高山上、河岸边、广阔的海底都分布着岩石。岩石组成了整个地壳，而岩石又是矿物的集合体，所以尽管矿物的种类很多，五彩缤纷，但从岩石的成因关系来看，其成因可以分为火成作用、沉积作用和变质作用三种类型。

◆硫　磺

（1）火成作用

①火山矿物

当火山爆发时，地下的岩浆遇到地壳某处裂隙，压力减小，便会沿裂隙上升，也就是人们常说的火山爆发，世界上有许多著名的山如富士山、长白山等就是火山喷发形成的。在火山喷发时，火山口及周围可能形成火山矿物，如硫磺、沸石、蛋白石等。

◆锡 石

直接结晶而成。由于地壳深处温度很高，压力很大，那里的物质已经成为熔融状态，这种高温熔融的物质就是岩浆。当岩浆受到地壳运动的影响，侵入到地壳上部，压力慢慢减少，温度渐渐降低，矿物就按其熔点高低顺序而结晶，形成如橄榄石、金刚石、辉石、长石等矿物。

（2）沉积作用

①风化矿物

自然界中，无论岩石和矿

②热液矿物

随着岩浆的温度不断下降，大量的水蒸气产生液化，成为热水溶液，在这种热液里溶解有各种各样有用的矿物组成，从而可以形成各种各样的矿物，如锡石、石英等。

③岩浆矿物

矿物可由岩浆冷凝后

◆橄榄石

◆蓝铜矿

石多么坚硬，在风吹雨淋，受热膨胀，遇冷收缩，天长日久后，慢慢地整块岩石最后都会发生碎裂，变成大大小小的碎块。这些碎块又继续受侵蚀，当其中易溶物质被水溶解带走，难溶物质残留下来，就形成了表生矿物，如黄铁矿就变成了褐铁矿，黄铜矿变成了孔雀石、蓝铜矿。

②沉积矿物

由风化作用形成的碎块，除残留原地外，主要被流水搬运走，经过河水搬运，海水的冲刷和淘洗，比较重的矿物和坚硬、稳定的矿物聚集在一起，形成了一些有经济价值的矿物，如金刚石、金、锡石等的砂矿。而被流水溶解带走的物质，当它们进入内陆湖泊或封闭的海湾以后，水分不断蒸发，溶液达到过饱和时，就可以结晶沉淀下来形成盐类矿物，如石盐、石膏、硬石膏、方解石。

（3）变质作用

地球在宇宙中转动，地壳也在不断发生变化。古代沧海桑田的记载就是对地壳运动的描述。正是地壳的运动，给地下深处的岩浆向上侵入带来了有利条件。

◆孔雀石

◆石　盐

①热变质矿物

由于岩浆向上侵入，岩浆的热能对其周围的岩石和矿物产生了作用，使它们发生变化（最为常见的是石灰岩经过热变质作用变质为大理岩），进而在接触部位形成许多新的矿物组合。常有热变质矿物石榴子石、红柱石、透闪石、阳起石、堇青石等。

②区域变质矿物

当地壳发生强烈运动，尤其是板块边缘的运动时，会造成大规模地壳的升降、褶皱和断裂。使原来岩石和矿物所处的环境发生变化。当岩石上的压力足以把矿物中的水分挤压出来，且产生岩石中矿物晶体重新组构所需的能量时，就形成一系列密度更大、更坚硬的矿物，如蓝晶石、石榴石、十字石等矿物。

◎ 矿物的产状

矿物是自然界中各种地质作用的产物，自然界的地质作用根据作用的性质和能量来源分为外生作用、内生作用和变质作用三种。外生作用的能量来自太阳

◆堇青石

能、水、大气和生物所产生的作用（包括风化、沉积作用）；内生作用的能量源自地球内部，如火山作用、岩浆作用等；变质作用指已形成的矿物在一定的温度、压力下发生改变的作用。在这三方面作用条件下，矿物形成的方式有三个方面：

◆火　山

一是气态变为固态：火山喷出硫蒸汽或H_2S气体，硫蒸汽因温度骤降可直接升华成自然硫，H_2S气体可与大气中的O_2发生化学反应形成自然硫，我国台湾大屯火山群和龟山岛就是这种方式形成的自然硫。

◆岩　浆

二是液态变为固态：液态变固态是矿物形成的主要方式，可分为两种形式。

(1)从溶液中蒸发结晶。在我国青海省柴达木盆地，由于盐湖水长期蒸发使盐湖水不断浓缩而达到饱和，从中结晶出石盐等许多盐类矿物，就是这种形成方式。

（2）从溶液中降温结晶：地壳下面的岩浆熔体是一种成分极其复杂的高温硅酸盐的熔融体（其状态像炼钢炉中的钢水），在上升过程中温度却不断降低。当温度低于

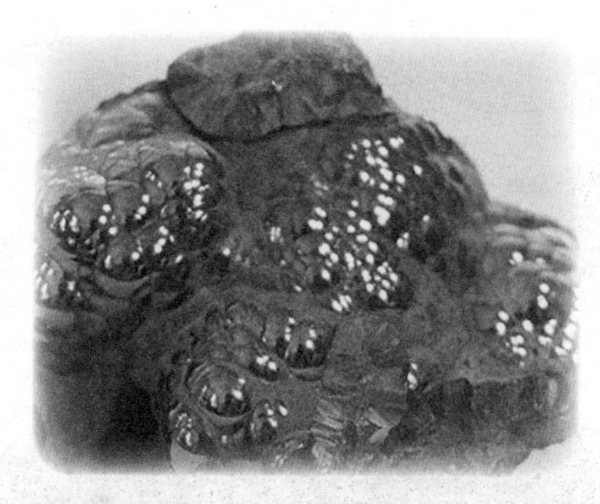

◆赤铁矿

◆黄铁矿

◆褐铁矿

某种矿物的熔点时就结晶形成该种矿物，随着温度下降不断结晶形成一系列的矿物，一般熔点高的矿物先结晶成矿物。

三是固态变为固态：主要是由非品质体变成品质体，火山喷发出的熔岩流迅速冷却，来不及形成结晶态的旷物，却固结成非晶质的火山玻璃，经过长时间后，这非品质体逐渐转变成各种结晶态的矿物：

由胶体凝聚作用形成的矿物称为胶体矿物。例如河水能携带大量胶体在出门处与海水相遇。由于海水中含有大量电解质，使河水中的胶体产生胶凝作用，形成肢体矿物，滨海地区的鲕状赤铁矿就是这样形成的。

矿物都在一定的物理化学条件下形成，当外界条件变化后，原来的矿物可变化，形成另一种新矿物，如黄铁矿在地表经过水和大气的作用后，可形成褐铁矿。

中国四大国石之巴林石——草原瑰宝放光芒

巴林石，出产于中国内蒙古自治区赤峰市的巴林右旗，学名叫叶腊石。巴林石色泽斑斓、纹理奇特、质地温润、钟灵毓秀、是外观最精美的石头。早在一千多年前就已发现，并作为贡品进奉朝廷，被一代天骄成吉思汗称为“天赐之石”。巴林石的文化，内涵十分丰富，它涵盖着赤峰地区远古文明的红山文化、草原青铜文化、契丹辽文化和蒙元文化深厚的底蕴，在人类文明的发展史上写下重重的一笔。

巴林石以其独特的魅力，成为各国政府间情感传递的独特礼品。在香港、澳们回归之际，赤峰市委、市政府分别赠送了巴林石纪念巨玺。纪念玺古朴高雅，以传统的雕刻花纹形式，原始的篆刻文字手法，赢得了港澳同胞的赞赏，它代表了四百多万赤峰人，代表了有着深厚文化底蕴古老的赤峰。

2001年10月，亚太经合组织会议在上海召开，21个国家首脑聚集上海。上海会议筹备组为给各国首脑一份能代表中国，又有传统文化特征的礼品，煞费一番苦心，最后选定以最具民族文化特征的印章为礼品，又在四大候选国石中选定巴林石。21枚巴林石由一块石头破成，纹理图案如波涛连绵起伏，被专家称为涌动的太平洋，寓

◆巴林石

意亚太经合组织各国经济如涌动的太平洋充满活力，乘风破浪。印文刻各国首脑中文名字，全国著名篆刻家韩天衡主动请缨，治印。巴林石承载着中国传统文化走进了世界最高领导层。此外，巴林石挂件、摆件、随身物件等也是亲朋好友之间颇受欢迎的贵重礼品，也已成为大众认可的贵重礼品。

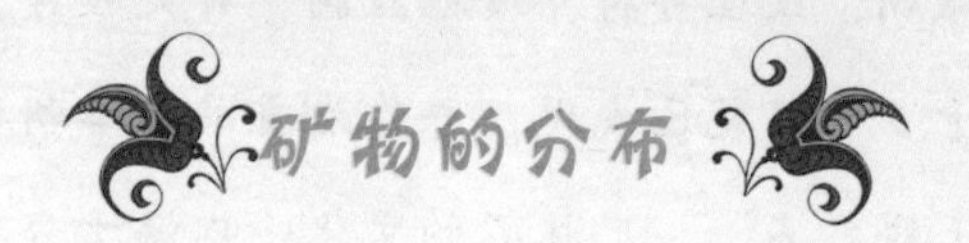

◎世界矿物的分布

全世界都有矿物资源的分布，但是，全球矿产资源的地理分布是十分不均衡的。在全世界主要的40个矿种中，有13种矿产四分之三以上的储量集中在3个国家（它们是锰、铬、钴、钼、钒、铂族金属、锂、铌、钽、锆、稀土、钾盐、天然碱），有23种矿产四分之三以上的储量集中在5个国家（除以上13种外再加上钨、菱镁矿、钛铁矿、金红石、锡、锑、磷、硼、金刚石、重晶石）。40种主要矿产中，储量排在前3位的国家，其储量占世界总储量的比例最低为30.7%，最高为99.5%，前5个国家的储量所占比例最低为45.8%，最高约为100%。

从1999年世界主要的矿产的分布情况，可以很清楚看出那些矿物矿产资源在哪些国家具有优势。矿物矿产资源是一个国家进行经济建设等的重要物质，对一个国家是极为重要的，可以说，矿物矿产资源是世界各国争相竞争的。因此，即使矿物矿产资源丰富，也要节约资源，要充分合理的利用。

1999年世界主要矿产的地理分布情况：

矿种	1999年前3个国家的储量在总储量中所占比例（%）	1999年前5个国家的储量在总储量中所占比例（%）	1999年储量的区域分布（主要生产国及其储量在总储量中所占比例）（%）
铁	46	65.1	乌克兰16.2，俄罗斯14.9，澳大利亚14.9，中国10.5，美国8.6
锰	80.9	90.9	南非54.4，乌克兰19.9，加蓬6.6，中国5.9，澳大利亚4.1
铬	96	97.8	南非81.1，哈萨克斯坦11.1，津巴布韦3.8，芬兰1.1，印度0.7
镍	43.6	64.2	俄罗斯16.5，古巴13.8，加拿大3.3，新喀里多尼亚11.3，澳大利亚9.3
钴	79.1	91.37	刚果46.5，古巴23.3，澳大利亚9.3，赞比亚6.97，新喀里多尼亚5.3
钨	69	78.9	中国43.5，加拿大13，俄罗斯12.5，美国7，韩国2.9
钼	78.2	90.8	美国49.1，智利20，中国9.1，加拿大8.2，俄罗斯4.4
钒	99.5	100	俄罗斯50，南非30，中国20，美国0.5

铜	45	56.5	智利25.9，美国13.2，波兰5.9，俄罗斯5.9，印度尼西亚5.6
铅	50.7	59	澳大利亚27.3，中国13.6，美国9.8，加拿大5.3，哈萨克斯坦3
锌	49.5	60.6	澳大利亚18.9，中国17.4，美国13.2，加拿大7.4，秘鲁3.7
铝土矿	58	72	几内亚29.6，巴西15.6，澳大利亚12.8，牙买加8，印度6
菱镁矿	74	78.4	中国30，俄罗斯26，朝鲜18，土耳其2.6，巴西1.8
钛铁矿	56.3	75	澳大利亚24.8，南非19.3，挪威12.2，加拿大9.5，中国9.2
金红石	74.1	92.5	澳大利亚39.5，南非19.3，印度15.3，斯里兰卡11.2，塞拉利昂7.2
锡	58.5	80.4	中国27.3，巴西15.6，马来西亚15.6，泰国12.2，印度尼西亚9.7

锑	74.4	91.5	中国42.9，俄罗斯16.7，玻利维亚14.8，南非11.4，吉尔吉斯斯坦5.7
汞	71.3	71.3	西班牙63.3，吉尔吉斯斯坦6.3，阿尔及利亚1.7，美国，意大利
铋	44.6	62.8	中国18.2，澳大利亚16.4，秘鲁10，玻利维亚9.1，墨西哥9.1
金	62.4	73.5	南非41.1，美国12.4，澳大利亚8.9，俄罗斯6.7，乌兹别克斯坦4.4
银	38.2	57.5	加拿大13.2，墨西哥13.2，美国11.8，澳大利亚10.4，秘鲁8.9
铂族	98.4	98.8	南非88.7，俄罗斯8.7，美国1.0，加拿大0.4
锂	97.9	99.7	智利88.2，加拿大5.3，澳大利亚4.4，美国1.1，津巴布韦0.7
铌	98.8	100	巴西94.3，加拿大4.0，尼日利亚1.8，刚果0.9，澳大利亚0.3
钽	84.2	98.4	澳大利亚57.9，尼日利亚16.8，加拿大9.5，刚果9.5，巴西4.7

锆石	76.1	94.9	南非39.7，澳大利亚25.3，乌克兰11.1，美国9.4，印度9.4
稀土	75	81.3	中国43，独联体19，美国13，澳大利亚5.2，印度1.1
硫	30.7	47.1	加拿大11.4，美国10，伊拉克9.3，波兰9.3，中国7.1
磷	71.7	82	摩洛哥和西撒哈拉49.2，南非12.5，美国10，约旦7.5，巴西2.8
钾	88.1	100	加拿大52.4，俄罗斯26.2，白俄罗斯9.5，德国8.6，中国3.8
硼	64.6	88.7	美国23.5，俄罗斯23.5，土耳其17.6，中国15.9，哈萨克斯坦8.2
天然碱	98.3	99.2	美国95.8，博茨瓦纳1.7，墨西哥0.8，土耳其0.8，乌干达0.1
金刚石	63.8	82.8	刚果25.9，博茨瓦纳22.4，澳大利亚15.5，南非12.1，俄罗斯6.9
石墨	58.5	65.3	中国33.1，墨西哥19.4。马达加斯加6，印度3.9，巴西2.9

萤石	38.6	45.8	墨西哥14.5，南非13.6，中国10.5，法国4.5，西班牙2.7
重晶石	60	74	中国23.3，印度18.7，美国18，加拿大7.3，摩洛哥6.7
石油	44.8	62.5	沙特阿拉伯24.8，伊拉克10.7，阿联酋9.3，科威特9.2，伊朗8.5
天然气	54.4	62.5	俄罗斯32.9，伊朗15.7，卡塔尔5.8，阿联酋4.1，沙特阿拉伯4.0
煤	52.6	67	美国25.1，俄罗斯15.9，中国11.6，印度7.6，德国6.8
铀	53.	70.3	澳大利亚25.0，哈萨克斯坦17.3，加拿大10.7，乌兹别克斯坦8.9，俄罗斯8.47

中国四大国石之鸡血石——千姿百态任评说

昌化鸡血石是昌化石之精华，产于浙江省临安市昌化西北的玉岩

山，它是“浙西大峡谷”的源头。昌化鸡血石具有鲜红艳丽、晶莹剔透的丽质，以“国宝”之誉驰名中外，历来与珠宝钻翠同样被人们珍视。

昌化鸡血石的美与中华民族的民俗、风情与爱好相融合而显得独具特色。鸡血石特殊的的红色正好迎合了中国人特别的情怀，自古至今，由于鸡血石含有辰砂，被视为避邪之物，故在赏石、藏石过程中，总把这一瑰丽石材与美好的愿望联系起来。辰砂红，在人们眼里不仅是一种美色，而且是一种神秘的色彩。从古代皇上的御笔到传说中包公的案笔、道士用的符笔均为朱笔。也正因于此，鸡血石成了人们首饰佩戴和收藏的首选。

◆鸡血石

在明清时期，昌化鸡血石珍品大都为皇室收藏，除皇帝与后妃选作宝玺外，还由宫中专业雕刻师精雕细刻赐与高官重臣。据传，慈禧是收藏昌化鸡血石最多的一位皇太后。当年义和团包围紫禁城时，她密令太监偷运出宫，使部分散失民间。明尚书吴文华，藏石数百万，其中有鸡血石雕成的罗汉十八

◆鸡血石

尊，关羽像一尊，十分珍贵。前往的赏石者看得如痴如醉，到了“纵观口讲指画，不知膝之相促”的程度。清康熙年间，鸡血石产地的昌化县令、江南名士方成，在任三年，到卸任时留七绝句“三年幸得返吾庐，投砚高风愧不知，检点吾斋收入好，半方图石两箱书。”这半方图石就是昌化鸡血石。

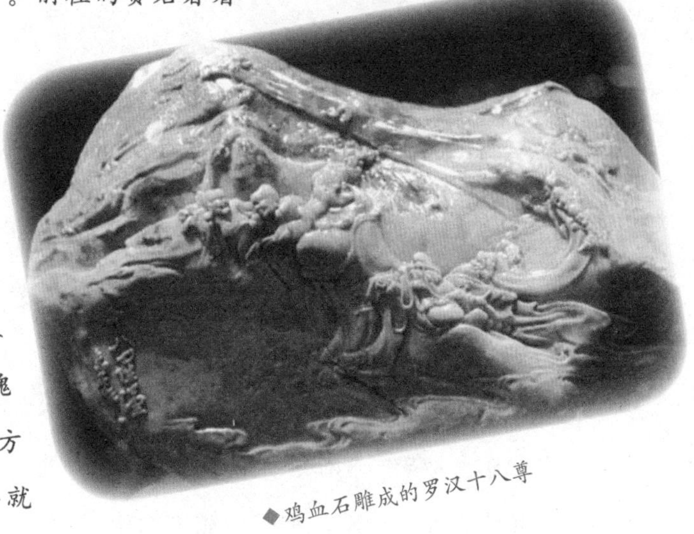
◆鸡血石雕成的罗汉十八尊

在现代，昌化鸡血石同样得到了政界名人的赏识，留下了种种石缘美谈。曾长期担任民盟中央主席的沈钧儒先生是著名的藏石家。在他的“与石居”中，除了书柜、石架，连窗台上也摆满了石头。由他珍藏的一方豆青地平头鸡血石扁章，成为他家的传家宝。此印石原为其叔父沈卫（翰林学士）传给他。后因沈钧儒之子沈叔年被任命为“封疆大吏”，又将此印石面刻“政治陇疆”四字传给儿子，勉其子担任重任。

外国友人也十分喜爱昌化鸡血石。英国著名学者、科技史学家李约瑟博士是中国人民的老朋友，也十分崇敬中国的道家学说。他在九十华诞时，特意选了一方昌化鸡血石扁章，在印面上刻下他的自取号“凡耀”两字，边款用朱文刻“老聃后裔”，足见他爱道学之深，也可见他对昌化鸡血石的钟爱之情。日本艺术家松仓晴海先生十分喜好印章篆刻，特别喜好吴昌硕的篆刻艺术。1999年，他特意将自己珍藏多年的昌化鸡血石方章作为珍贵礼品，赠送给吴昌硕纪念馆永留纪念。

◎ 中国矿物的分布

中国已探明储量的金属矿产有54种，即铁矿、锰矿、铬矿、钛矿、钒矿、铜矿、铅矿、锌矿、铝土矿、镁矿、镍矿、钴矿、钨矿、锡矿、铋矿、钼矿、汞矿、锑矿、铂族金属（铂矿、钯矿、铱矿、铑矿、锇矿、钌矿）、金矿、银矿、铌矿、钽矿、铍矿、锂矿、锆矿、锶矿、铷矿、铯矿、稀土元素（钇矿、钆矿、铽矿、镝矿、铈矿、镧矿、镨矿、钕矿、钐矿、铕矿）、锗矿、镓矿、铟矿、铊矿、铪矿、铼矿、镉矿、钪矿、硒矿、碲矿。现就主要金属矿产分布简介如下。

◆钼 矿

（1）铁矿

全国已探明的铁矿区有1834处。大型和超大型铁矿区主要有：辽宁鞍山—本溪铁矿区、冀东—北京铁矿区、河北邯郸—邢台铁矿区、山西灵丘平型关铁矿、山西五台—岚县铁矿区、内蒙古包头—白云鄂博铁锈稀土矿、山东鲁中铁矿区、宁芜—庐纵铁矿区、安徽霍丘铁矿、湖北鄂东铁矿区、江西新余—吉安铁矿区、福建闽南铁矿区、海南石碌铁矿、四川攀枝花—西昌钒钛磁铁矿、云南滇中铁矿区、云南大勐龙铁矿、陕西略阳鱼洞子铁矿、甘肃红山铁矿、甘肃镜铁山铁矿、新疆哈密天湖铁矿等。

（2）锰矿

全国已探明的锰矿区共有213处，主要有：辽宁瓦房子锰矿；福建连城锰矿；湖南湘潭、民乐、玛瑙山、响涛园等锰矿；广东有小带、新椿等锰矿；广西八一、下雷、荔浦等锰矿；四川高燕和轿顶山锰矿；贵州遵义锰矿。

◆锰　矿

（3）铬铁矿

探明的铬铁矿有56处产地，主要是新疆萨尔托海、西藏罗布莎、内蒙古贺根山、甘肃大道尔吉等铬矿。

（4）铜矿

已探明的铜矿区有910处，主要为：黑龙江省多宝山；内蒙古自治区乌奴格吐山、霍各气；

◆铬铁矿

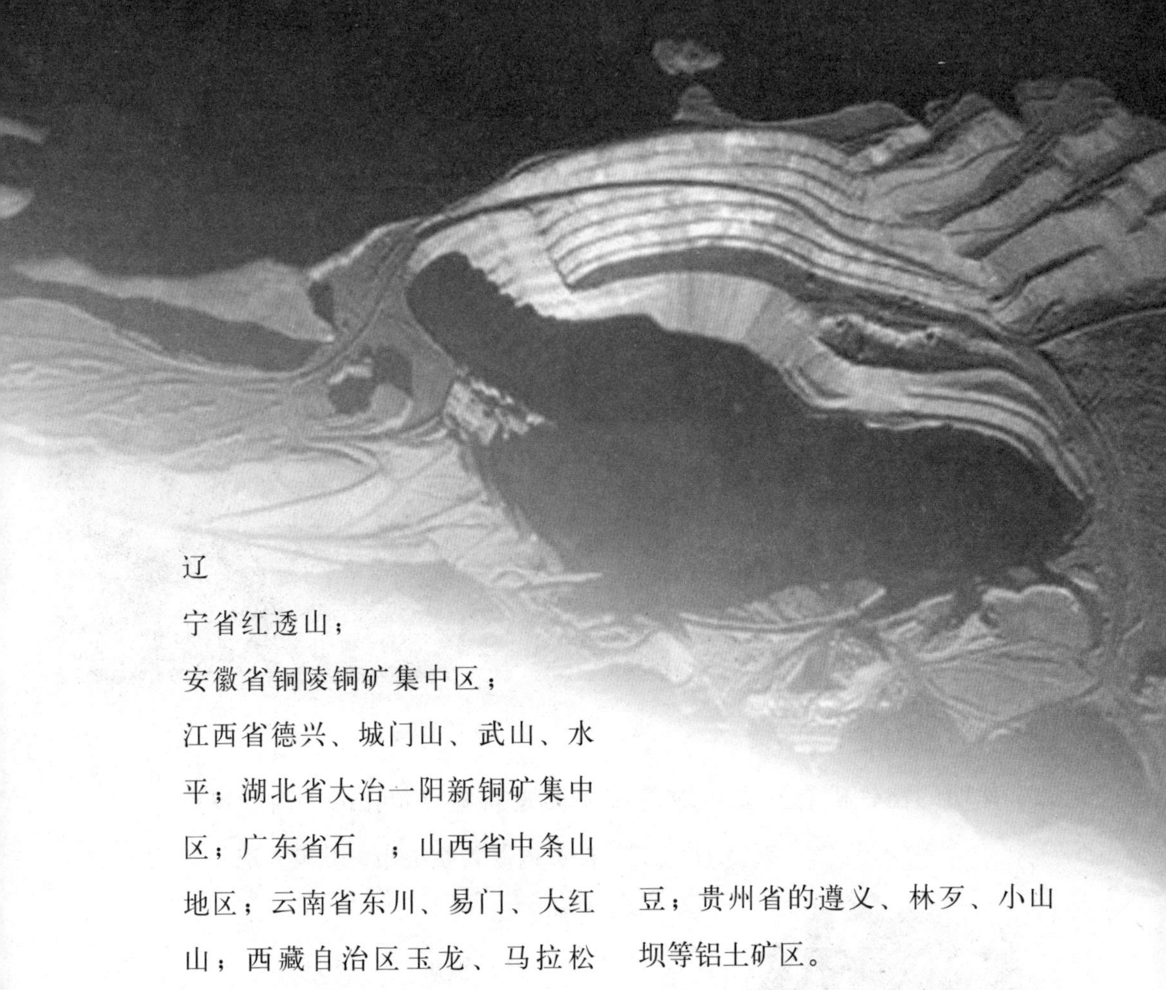

辽

宁省红透山；

安徽省铜陵铜矿集中区；

江西省德兴、城门山、武山、水平；湖北省大冶一阳新铜矿集中区；广东省石 ；山西省中条山地区；云南省东川、易门、大红山；西藏自治区玉龙、马拉松多、多霞松多；新疆维吾尔自治区阿舍勒等铜矿。

（5）铝土矿

已探明的铝土矿有310处产地，主要为：山西省的克俄、石公、相王、西河底、太湖石、郭偏梁一雷家苏、宽草坪；河南省的曹窑、马行沟、贾沟、石寺、竹林沟、夹沟、支建；山东省的淄博；广西壮族自治区的平果那豆；贵州省的遵义、林歹、小山坝等铝土矿区。

（6）铅锌矿

已探明的铅锌矿有700多处，主要为：黑龙江省的西林；辽宁省的红透山、青城子；河北省的蔡家营子；内蒙古自治区的白音诺、东升庙、甲生盘、炭窑口；甘肃省的西成(厂坝)；陕西省铅硐山；青海省的锡铁山；湖南省的水口山、黄沙坪；广东省的凡口；浙江省的五部；江西省的冷

◆钼 矿

水坑；江苏省的栖霞山；广西壮族自治区的大厂；云南省的兰坪、会泽、都龙；四川省的大梁子、呷村等铅锌矿。

（7）镍矿

镍矿有产地近百处。主要是吉林省的红旗岭、赤柏松；甘肃省的金川；新疆维吾尔自治区的喀拉通克、黄山；四川省的冷水菁、杨坪；云南省的白马寨、墨江等镍矿。

（8）钼矿

钼矿有产地有222处，主要是吉林大黑山；辽宁省杨家杖子、兰家沟；陕西省金堆城；河南省栾川等钼矿。

（9）钨矿

已探明钨矿产地有252处，主要是江西省西华山、漂塘、大吉山、盘古山、画眉坳、浒坑、下桐岭、岿美山；福建省行洛坑；湖南省柿竹园、新田岭、瑶岗仙；广东省锯板坑、莲花山；广西壮族自治区大明山、珊瑚；甘

◆锡 矿

肃省塔儿沟等钨矿。

（10）锡矿

已探明的锡矿产地有293处，主要是广西壮族自治区大厂、珊瑚、水岩坝；云南省东川；湖南省香花岭、红旗岭、野鸡尾等锡矿。

◆金　矿

（11）汞、锑矿

已探明汞产地有103处、锑产地有111处。主要是贵州万山、务川、丹寨、铜仁；湖南省新晃等汞矿，湖南省锡矿山、板溪；广西壮族自治区大厂；甘肃省崖湾等锑矿；陕西省旬阳汞锑矿。

（12）金矿

已探明金矿区有1265处，主要有黑龙江省乌拉嘎、大安河、老柞山、呼玛；吉林省夹皮沟、珲春；辽宁省五龙；河北省张家口、迁西；山东省玲珑、焦家、新城、三家岛、尹格庄；河南省文峪、桐沟、金渠、秦岭、上宫；广东省河台；湖南省湘西；云南省墨江；四川省东北寨；青海省斑玛；新疆维

◆银　矿

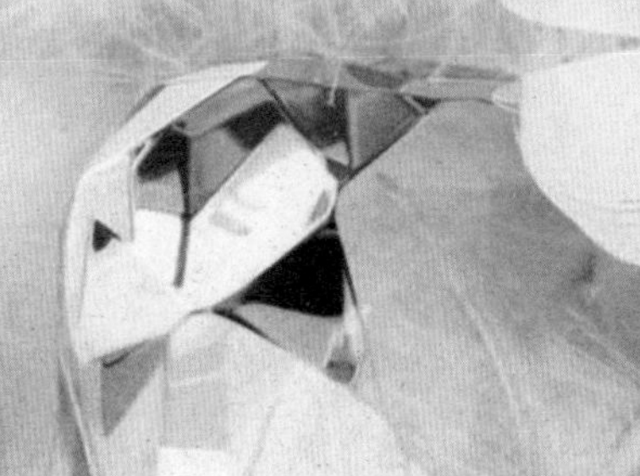

吾尔自治区阿希、哈密等金矿。

（13）银矿

已探明银矿产地有569处，主要有陕西省银硐子；河南省破山；湖北省银洞沟、白果园；四川省砷村；江西省贵溪；吉林省山门；广东省庞西洞等银矿。

（14）稀土、稀有金属

稀土、稀有金属主要分布在内蒙古自治区（白云鄂博、801）、山东省（微山）、江西省（赣南、宜春）、广东省（粤北）、新疆维吾尔自治区（富蕴）等地。

世界上最名贵的10颗钻石

（1）伟大的非洲之星

“非洲之星”是世界上最大的切割钻石。这颗钻石由美国一家公司切割，该公司在研究了这颗钻石6个月后，才确定如何切割。

（2）光之山钻石

光之山钻石有最古老的记载历史，它的最早记载可以追溯到1304年。在维多利亚女王在位时被再度切割，之后被镶嵌在英国女王的王冠上，这颗钻石现在重108.93克拉。“光之山”钻石据说是上帝送给一名

忠实信徒的礼物。

(3) 艾克沙修钻石

“艾克沙修”不光是世界上最大的钻石之一，它还是迄今为止全球发现的第二大钻石。

◆艾克沙修钻石

(4) 大莫卧儿钻石

大莫卧儿是17世纪在印度发现的钻石。大莫卧儿根据泰姬陵的建造者沙迦汗命名。但是，这颗钻石后来失踪了。有人认为，光之山钻石可能就是由这颗钻石切割而成。

(5) 神像之眼钻石

神像之眼钻石是一颗扁平的梨形钻石，大小有如一颗鸡蛋。“神像之眼”重70.2克拉。传说它是克什米尔酋长交给勒索拉沙塔哈公主的土耳其苏丹的“赎金”。

◆神像之眼钻石

(6) 摄政王钻石

摄政王钻石是一名印度奴隶于1702年在谷康达附近发现的。摄政王钻石以其罕见纯净和完美切割闻名，它无可争议当属世界最美钻石。

（7）奥尔洛夫钻石

奥尔洛夫钻石是世界第三大切割钻石。它有着印度最美钻石的典型纯净度，带有少许蓝绿色彩。

（8）蓝色希望钻石

蓝色希望钻石被认为有著名的塔维奈尔蓝钻的特点，1642年被从印度带到欧洲。它曾属于法国国王路易十四。今天你可以在华盛顿史密森学会看到这颗钻石。

◆蓝色希望望钻石

（9）仙希钻石

仙希钻石最初属于法国勃艮第“大胆的查尔斯”公爵，公爵于1477年在战争中弄丢了这颗钻石。仙希钻石为浅黄色，显然出自印度，据说它是被切割成拥有对称面的第一大钻石。

（10）泰勒·伯顿钻石

泰勒·伯顿这颗梨形钻石是1966年在南非德兰士瓦省第一矿发现。理查德·巴顿为伊丽莎白·泰勒花110万美元买下了这颗钻石，给它重新取名为“泰勒·巴顿”。

第二章
矿物的特性与形状

矿物是由不同的物理和化学性质组成的，每种矿物都有其不同的物理和化学性质，但是同一族的矿物又有其相似性。

现在发现的矿物有3000多种，其都具有确定的或在一定范围内变化的物理性质和化学成分。组成矿物的元素，如果其原子多是按一定的形式在三维空间内周期性重复排列，并具有自己的结构，那么就是晶体。

矿物与人类的生产和生活联系也越来越紧密，也影响着人们的生产生活。为了能够更好地利用矿物给人类创美好的生活和美好的明天，就必须对矿物的物理和化学性质有更多的了解，然后才能加以运用。因此，本章主要介绍的就是矿物的特性和形状，通过本章的阅读，使人类真正认识和利用矿物有着重要的作用。

矿物物理性质知多少

◆赤铁矿

矿物的性质主要是由其物理性质和化学性质决定的，为了能更好的利用矿物为人类服务，就必须了解这两个性质。首先，我们来了解的是矿物的物理性质。

矿物的物理性质主要由两部分构成，包括矿物的光学性质和力学性质。光学性质是矿物对光线的吸收、反射和折射所表现出来的物理现象，包括颜色、光泽、透明度、条痕；力学性质是指矿物在外力作用下所表现出来的各种物理性质，含硬度、解理、断口、延展性、脆性等。矿物还有其他物理性质，如比重、磁性等。

◆蓝铜矿

由于矿物的化学成分不同，晶体构造不同，从而表现出不同的物理性质。其中有些必须借助仪器测定（如折光率、膨胀系数等），有些则可凭借感官即能识别，后者是肉眼鉴定矿物的重要依据。

（1）颜色

矿物具有各种各样的颜色，如赤铁矿、黄铁矿、孔雀石、蓝铜矿、黑云母等都是根据其相应的颜

色而命名的。

因矿物本身固有的化学组成中含有某些色素离子而呈现出相应的颜色，这称为自色。具有自色的矿物，颜色一般大体固定不变，因此是鉴定矿物的重要标志之一。如矿物中含有Mn^{4+}，则呈黑色；含有Mn^{2+}，则呈紫色；含有Fe^{3+}，则呈樱红色或褐色；含有Cu^{2+}，则呈蓝色或绿色，等等。

但是，有些矿物的颜色，与本身的化学成分却无关，而是因矿物中所含的杂质成分引起的，称为他色。如纯净水晶（SiO_2）是无色透

◆紫水晶

明的，若其中混入微量不同的杂质，即具有紫色、粉红色、褐色、黑色等。无色、浅色矿物常具他色，他色随所含杂质的不同而改变，因此，颜色一般不能作为矿物鉴定的主要特征。

◆斑铜矿

有些矿物的颜色是由某些化学的和物理的原因而引起的。如片状集合体矿物常因光程差引起干涉色，称为晕色，如云母；容易氧化的矿物在其表面往往形成具一定颜色的氧化薄膜，称为锖色，如斑铜矿。以上这些都统称为假色。

◆方铅矿

（2）光泽

矿物表面的总光量或者矿物表面对于光线的反射形成光泽。光泽有强有弱，主要取决于矿物对于光线全反射的能力。光泽可以分为以下几种：

①金属光泽矿物表面反光极强，如同平滑的金属表面所呈现的光泽。某些不透明矿物，如黄铁矿、方铅矿等，均具有金属光泽。

②半金属光泽较金属光泽稍弱，暗淡而不刺目。如黑钨矿具有这种光泽。

③非金属光泽是一种不具金属感的光泽。它又可分为：

金刚光泽——光泽闪亮耀眼。如金刚石、闪锌矿等的光泽。

◆金刚光泽

玻璃光泽——象普通玻璃一样的光泽。大约占矿物总数70%的矿物，如水晶、萤石、方解石等具此光泽。

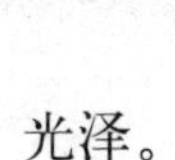

◆玻璃光泽

此外，由于矿物表面的平滑程度或集合体形态的不同而产生的一些特殊的光泽。有些矿物（如玉髓、玛瑙等），呈脂肪光泽；具片状集合体的矿物（如白云母等），常呈珍珠光泽；具纤维状集合体的矿物（如石棉及纤维石膏等），则呈丝绢光泽；而具粉末状的矿物集合体（如高岭石等），则暗淡无光，或称土状光泽。

（3）透明度

矿物的透明度是指光线透过矿物多少的程度。矿物的透明度可以

◆冰洲石

分为三级：

①透明矿物：矿物碎片的边缘能清晰地透见其他物质的矿物，如水晶、冰洲石等。

②半透明矿物：矿物碎片边缘可以模糊地透见其他物质或有透光现象的矿物，如辰砂、闪锌矿等。

③不透明矿物：矿物碎片边缘不能透见其他物质的矿物，如黄铁矿、磁铁矿、石墨等。

通常，矿物的透明度与矿物的大小厚薄有关。大多数矿物标本或样品，表面看是不透明的，但碎成小块或切成薄片，却是透明的，但是，这样的矿物不能认为是不透明的。

还有，透明度也常受包裹体、颜色、裂隙、气泡、解理以及单体和集合体形态的影响。例如无色透明矿物，其中含有众多细小汽泡就会变成乳白色；又如方解石颗粒是透明的，但其集合体就会变成不完全透明等。

（4）条痕

矿物粉末的颜色称为条痕。通

◆辰　砂

常是利用条痕板（无釉瓷板），观察矿物在其上划出的痕迹的颜色。由于矿物的粉末可以消除一些杂质和物理方面的影响，所以比其颜色更为固定。有些矿物如赤铁矿，其颜色可能有赤红、黑灰等色，但其条痕则为樱红色，是一致的；有些矿物如黄金、黄铁矿，其颜色大体相同，但其条痕则相差很远，前者为金黄色，后者则为黑或黑绿色。因此条痕对于鉴定矿物具有十分重要的意义。

◆赤铁矿

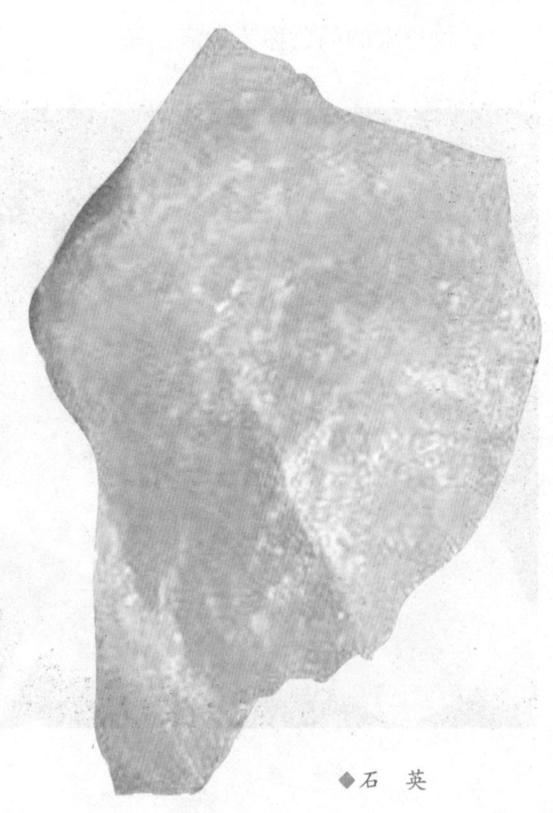
◆石　英

（5）硬度

硬度是指矿物抵抗外力刻划、压入、研磨的程度。根据硬度高的矿物可以刻划硬度低的矿物的道理，德国摩氏选择了10种矿物作为标准，将硬度分为10级，这10种矿物称为“摩氏硬度计”。

摩氏硬度计只代表矿物硬度的相对顺序，而不是绝对硬度的等级，如果根据力学数据，滑石硬度为石英的1/3500，而金刚石硬度为石英的1150倍。尽管如此，但利用摩氏硬度计测定矿物的硬度是很方便的。例如：将欲测定的矿物与硬度计中某矿物（假定是方解石）相刻划，若彼此无损伤，则硬度相等，即可定为3；若此矿物能刻划方解石，但不能刻划萤石，相反却为萤石所刻划，则其硬度当在3～4之间，因此可定为3.5。依此类推。

在野外工作，还可利用指甲（2～2.5）、小钢刀（5～5.5）等来代替硬度计。据此，可以把矿物硬度粗略分成软（硬度小于指甲）、中（硬度大于指甲，小于小刀）、硬（硬度大于小刀）三等。也有少数矿物用石英也刻划不

方解石

萤 石

◆石　墨

了，这样的则称为极硬，但这样的矿物是相对较少的。

在测定矿物的硬度时，必须选择新鲜矿物的光滑面试验，这样才能获得相对可靠的结果。同时要注意刻痕和粉痕（以硬刻软，留下刻痕；以软刻硬，留下粉痕）不要混淆。对于粒状、纤维状矿物，不宜直接刻划，而应将矿物捣碎，在已知硬度的矿物面上摩擦，视其有否擦痕来比较硬度的大小。

(6) 解理

解理是指在力的作用下，矿物晶体按一定方向破裂并产生光滑平面的性质。沿着一定方向分裂的面叫做解理面。解理是由晶体内部格架构造所决定的。例如石墨，在不同方向碳原子的排列密度和间距互不相同，竖直方向质点间距等于水平方向质点间距的2.5倍。质点间距越远，彼此作用力越小，所以石墨具

◆食　盐

◆萤 石

有一个方向的解理，则称为一向解理。

有的矿物具有二向、三向、四向或六向节理，如食盐具有三个方向的解理，萤石具有四个方向的解理。

不同的矿物，其解理程度也一般是不一样的。在同一种矿物上，不同方向的解理也常表现不同的程度。根据劈开的难易和肉眼所能观察的程度，解理可分为下列等级：

①最完全解理：矿物晶体极易裂成薄片，解理面较大并且平整光滑，如云母、石膏等。

②完全解理：矿物极易裂成平滑小块或薄板，解理面相当光滑，如方解石、石盐等。

③中等解理：解理面一般不能一劈到底，不十分光滑，也不连续，常呈现小阶梯状，如普通角闪石、普通辉石等。

◆石　英

④不完全解理：解理程度很差，在大块矿物上很难看到解理，只在细小碎块上才可看到不清晰的解理面，如磷灰石等。

⑤极不完全解理（无解理）：如石英、磁铁矿等。

对具有解理的矿物来说，同种矿物的解理方向和解理程度总是相同的，性质相对很固定，因此，解理也就成为鉴定矿物的重要特征之一。

（7）断口

矿物受力破裂后所出现的没有一定方向的不规则的断开面叫做断口。断口出现的程度是跟解理的完善程度互为消长的，一般说来，解理程度越高的矿物不易出现断口，解理程度越低的矿物才容易形成断口。

根据断口的形状，可以分为贝壳状断口、锯齿状断口、参差状断口、平坦状断口等。其中最常见的为在石英、火山玻璃上出现的具同心圆纹的贝壳状断口。一些自然金属矿物常出现尖锐的锯齿状断口。

（8）脆性和延展性

◆火山玻璃

矿物受力极易破碎，不能弯曲，称为脆性。这类矿物用刀尖刻划即可产生粉末。大部分矿物具有脆性，如方解石。

矿物受力发生塑性变形，如锤成薄片、拉成细丝，这种性质称为延展性。这类矿物用小刀刻划不产生粉末，而是留下光亮的刻痕。如金、自然铜等。

◆自然铜

（9）弹性和挠性

矿物受力变形、作用力失去后又恢复原状的性质，称为弹性。如云母，屈而能伸，是弹性最强的矿物。

矿物受力变形、作用力失去后不能恢复原状的性质，称为挠性。如绿泥石，屈而不伸，是挠性明显

的矿物。

(10) 发光性

有些矿物在外来能量的激发下会发出可见光，若在外界作用消失后停止发光，称为萤光。如萤石加热后产生蓝色萤光；白钨矿在紫外线照射下产生天蓝色萤光；金刚石在X射线照射下也发生天蓝色萤光。有些矿物在外界作用消失后还能继续发光，称为磷光，如磷灰石。利用发光性可以探查某些特殊矿物（如白钨矿）。

(11) 电性

有些矿物受热生电，称热电性，如电气石；有些矿物受摩擦生电，如琥珀；有的矿物在压力和张力的交互作用下产生电荷效应，称为压电效应，如压电石英。压电石英已被广泛地应用于现代科学技术方面。

(12) 比重

矿物重量与4℃时同体积水的重量比，称为矿物的比重。矿物的化学成分中若含有原子量大的元素

◆萤　石

◆磷灰石

◆白钨矿

◆磁铁矿

或者矿物的内部构造中原子或离子堆积比较紧密，则比重较大；反之则比重较小。大多数矿物比重介于2.5～4之间；一些重金属矿物常在5～8之间；极少数矿物（如铂族矿物）可达23。

（13）磁性

少数矿物（如磁铁矿、钛磁铁矿等）具有被磁铁吸引或本身能吸引铁屑的性质。一般用马蹄形磁铁或带磁性的小刀来测验矿物的磁性。

（14）其它性质

有些矿物具易燃性，如琥珀；有些易溶于水的矿物具有咸、苦、涩等味道；有些矿物具有滑腻感；有些矿物如受热或燃烧后产生特殊的气味。

总之，充分利用各种感官，并通过反复实践，抓住矿物的主要特征，就可逐渐达到掌握肉眼鉴定重要矿物的目的。肉眼鉴定矿物是进一步鉴定矿物的基础，也是野外工作是所要掌握的。

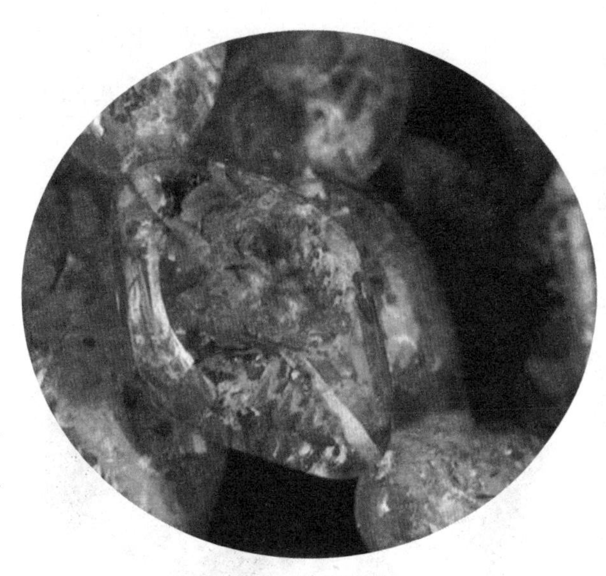
◆琥　珀

矿物化学成分分解

了解了矿物的物理性质之后，我们就需要了解矿物的化学性质。

矿物的化学成分和晶体结构，是决定矿物一切性质的两个最基本的因素。但可以在一定的小范围内有所变异。根据他们的变异是否明显，人们把矿物分成如下几种类型：

（1）化学组成基本固定的矿物。这类矿物的化学成分基本上是固定不变的，就是说，其成分上的变异范围非常小，在一般情况下完全可以忽略不计。他们遵守化学上的一定比例定律和倍比定律，其化学组成可由确定的化学式来表示。例如：金刚石、石盐、黄铜矿、赤铁矿、重晶石、白云石等。

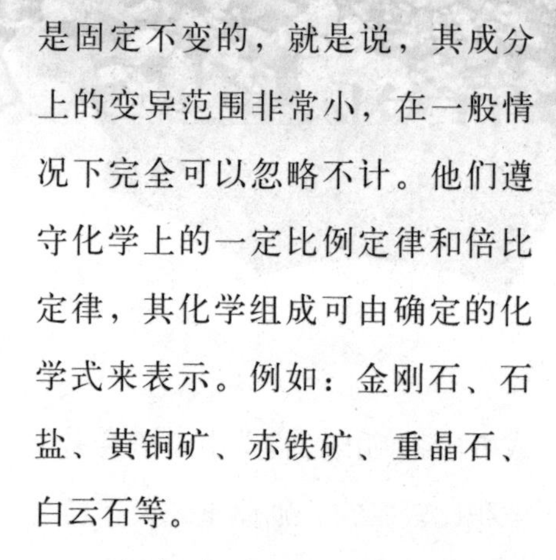

金刚石

（2）化学组成不固定的矿物。这类矿物的化学组成可以在一定的范围内变化，而这种变化是由于组成矿物本身的成分的变异所造成的。在这里，基本上可概括为三种情况：一种是固溶体，一种是含沸石水或层间水矿物，还有一种是胶体。

（3）不符合化合比的矿物。一切晶质矿物的化学组成都遵守定比和倍比定律，各组份间都有一定的化合比。但有些

◆蓝晶石

◆晶 体

晶体却不遵守这些规律，即属于所谓的非化合比化合物。例如方铁矿$Fe_{1-x}O$，其Fe原子数总是少于O原子数。这种现象的产生，则是由于晶体结构中存有某种缺陷所造成。

由于自然界的矿物绝大多数是晶体，又由于晶体是具有格子构造的固体，因此，矿物晶体就具备了所共有的、由格子构造所决定的基本性质。其主要性质表现在以下几个方面：

(1) 均一性

由于同一个晶体的各个不同部分，质点的分布也是一样的，所以晶体各个部分的物理性质与化学性质也是相同的，这就是晶体的均一性。这是由晶体的格子构造决定的。

(2) 对称性

在晶体的外形上，也常有相同的晶面、晶棱和角顶重复出现。这种相同的性质在不同的方向或位置上作有规律地重复，这就是对称性。

(3) 异向性

在同一格子构造中，在不同的方向上质点的排列一般是不一样的，因此，晶体的性质也随方向不同而有所改变，这就是晶体的异向性。如蓝晶石（又名二硬石）的硬度，随方向的不同而有显著的差别，平行晶体延长的方向可用小刀

◆晶　棱

刻动，而垂直于晶体延长的方向则小刀不能刻动。

（4）自限性

自限性是晶体在适当的条件下可以自发形成几何多面体的性质。晶体为平的晶面所包围，晶面相交成直的晶棱，晶棱会聚成尖的角顶。晶体的多面体形态，是其格子构造在外形上的直接反映。

（5）最小内能

在相同的热力学条件下晶体与同种物质的非晶体、液体、气体相比较，其内能最小。所谓内能，就是晶体内部所具有的能量（动能与势能）。对于一个晶体来说，他要处于一个稳定的状态，在结晶时就要将多余的能量释放掉，从而达到有规律的排列的质点间引力与斥力的平衡。

(6) 稳定性

由于晶体有最小的内能，因而结晶状态是一个相对稳定的状态。晶体是具有格子构造的，质点的运动只在其平衡的位置上震动，而不脱离其平衡位置。因此，晶体是一个相对稳定的体系。

◆晶　体

矿物的千姿百态

大自然的矿物千姿百态，就其单体而言，它们的大小悬殊，有的肉眼或用一般的放大镜可见（显晶），有的需借助显微镜或电子显微镜辨认（隐晶）；有的晶形完好，呈规则的几何多面体态，有的呈不规则的颗粒存在于岩石或土壤之中。矿物单体形态大体上可分为三向等长（如粒状）、二向延展（如板状、片状）和一向伸长（如柱状、针状、纤维状）三种类型。而晶形则有一系列几何结晶学规律。

矿物单体间有时可以产生规则的连生，同种矿物晶体可以彼此平行连生，也可以按一定对称规律形成双晶，非同种晶体间的规则连生称浮生或交生。

矿物集合体可以是显晶或隐晶的。隐晶或胶态的集合体常具有各种特殊的形态，如结核状（如磷灰石结核）、豆状或鲕状（如鲕状赤铁矿）、树枝状（如树枝状自然铜）、晶腺状（如玛瑙）、土状（如高岭石）等。

矿物的形态是指矿物的外部特征，包括单个晶体的形态和集合体的形态。

（1）矿物的单体形态

根据矿物内部的构造特点，可将矿物分为结晶质和非结晶质两类。

①结晶质和非结晶质

结晶质是矿物内部质点（分子、原子、离子）作有规律的排列，形成一定的格子构造的固体，称为结晶质（晶体）。质点有规律的排列的结果，表现为有规律的几何形体。自然界大部分的矿物都是晶体。

非结晶质是指凡是矿物内部质点（分子、原子、离子）作无规律的排列，不具格子构造的固体，称为非结晶质（或非晶体）。这类矿

◆玛　瑙

◆高岭石

物分布不广，种类很少，如火山玻璃。

②晶体的形状——单形与聚形

单形指一个晶体的形体。构成晶体的空间格子类型是有限的（即立方、四方、斜方、单斜、三斜、六方、菱面体等七种格子类型），所以单形种类也是有限的。

聚形指由两个或两个以上的单形相聚合而成的形体。自然界产出的晶体，绝大部分都是聚形晶体。

◆电气石

如石英矿物为六方柱和六方双锥的聚形晶体，即是由柱体和锥体两种单形聚合在一起。

◆角闪石

（2）矿物晶体的结晶习性

根据晶体在空间上的三个方向发育程度不同，可将结晶习性分为三类：

①一向延长型（柱状）

晶体沿一个方向特别发育，其它两个方向发育较差，类似柱子一样。一般呈柱状、棒状、针状、纤维状。有六方柱、四方柱、三方柱、斜方柱。如电气石、角闪石、

石英、石棉等晶形属此类型。

②二向延长型（板状）

晶体沿两个方向特别发育，其它一个方向发育较差，呈片状、板状、鳞片状等。如板状石膏、片状云母及石墨等晶形。

③三向延长型（等轴状）

晶体在三个方向发育基本相等，包括等轴状、粒状。有立方体、八面体、菱形十二面体。如石盐、黄铁矿、石榴子石等。

（3）晶面条纹

晶面条纹是晶体生长过程中，留在晶面上的条纹。

晶面条纹垂直晶体延长方向的称为横纹，如石英等。晶面条纹平行晶体延长方向称为纵纹，如电气石。有的晶面条纹立相交错，如刚玉。有的矿物相邻的晶面上的条纹互相垂直，如黄铁矿。磁铁矿菱形晶面上，常有平行长对角线的细纹。

（4）双晶

在自然晶体中，常发现两个或两个以上的晶体有规律地连生在一起，称为双晶。其中一个晶体为另一个晶体的镜象，即其中一个晶体旋转一定角度后，便可与另一个晶体相重合或平行。最常见的有三种类型。

①穿插双晶

穿插双晶由两个相同的晶体，按一定角度互相穿插而成。如正长石的卡氏双晶。

②按触双晶

按触双晶由两个相同的晶体，以一个简单平面按触而成。如石膏的燕尾双晶。

③聚片双晶

聚片双晶由两个以上的晶体，按同一规律，彼此平行重复连生在一起。如斜长石的聚片双晶。

(5) 矿物集合体的形态

◆橄榄石

自然界的矿物呈单体出现的很少，往往是由同种矿物的若干单体或晶粒聚集成各种各样的形态，这种矿物的形体叫做矿物集合体的形态。常见有如下几种。

①粒状、块状集合体

由大致是等轴的矿物小晶粒组成的集合体，如粒状橄榄石、块状石英等。

②片状、鳞片状集合体

由片状矿物组成的集合体，如云母。当片状矿物颗粒较细时，称鳞片状集合体，如绢云母等。

◆绢云母

◆晶　簇

⑥晶簇

在岩石孔洞或裂隙中，在共同的基底上生长着许多单晶的集合体，它们一端固定在共同的基底上，另一端则自由发育而具有完好的晶形，叫晶簇。

③纤维状集合体

组成集合体的单矿物若细小如纤维时，称纤维状集合体，如纤维状石膏、纤维状石棉等。

④放射状集合体

当由若干柱状或针状矿物由中心向四周辐射排列而成的集合体叫放射状集合体，如放射状阳起石等。

⑤鲕状集合体

鲕状集合体由形似鱼子的圆球体聚集而成的集合体叫鲕状集合体，如鲕状赤铁矿、鲕状铝土矿等。

⑦结核状集合体

结核状集合体是由中心向外生长而成球粒状，如黄土中的钙质结核。

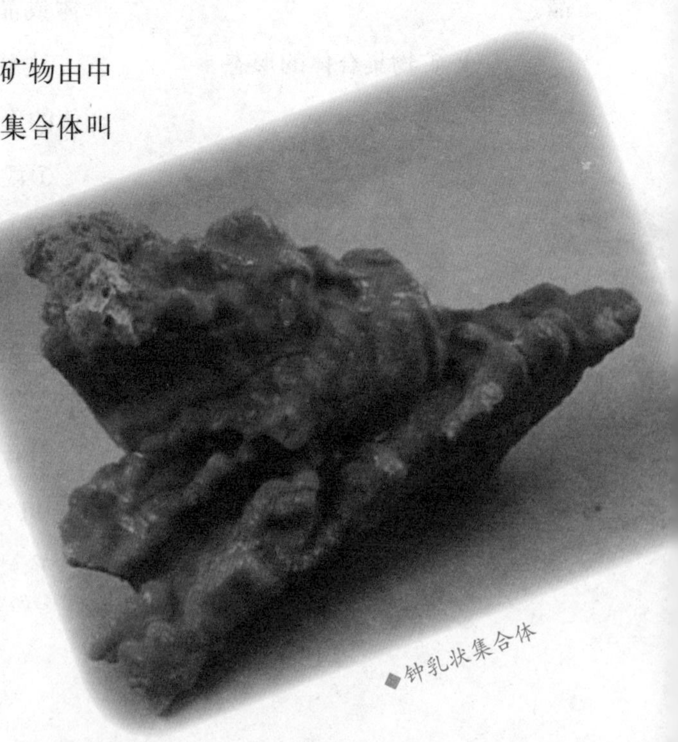

◆钟乳状集合体

⑧钟乳状集合体

钟乳状集合体为由同一基底向外逐层生长而形成的圆柱状或圆锥状的集合体，如石灰岩洞穴中形成的石钟乳。

⑨土状集合体

土状集合体由粉末状的隐晶质或非晶质矿物组合的较疏松的集合体，如高岭土。

矿物所呈现的外形是多种多样的，不同的矿物往往具有不同的形态。但有时不同的矿物可以有相似的外形，如纤维状石膏和石棉，柱状角闪石和红柱石。而同一种矿物可有不同的外形，如板状和纤维状的石膏。所以，仅只依靠矿物的外形来辨认矿物是不全面的。

中国四大国石之寿山石——天遗瑰宝生闽中

关于寿山石的生成，有的说是女娲当年补天路过寿山，被这里的青山秀水、绮丽景色所陶醉，于是翩然起舞，将五色彩石散落在这里便化成了这光彩夺目的宝石。有的说是远古一只凤凰神鸟的彩蛋液渗入寿山附近的地下变成了寿山石。由此而来的寿山石神秘美丽的传说，成就了收藏文化中的精灵，为人们所津津乐道。

寿山石质地脂润，色彩斑斓、性坚而韧，非常适宜工艺雕刻，历

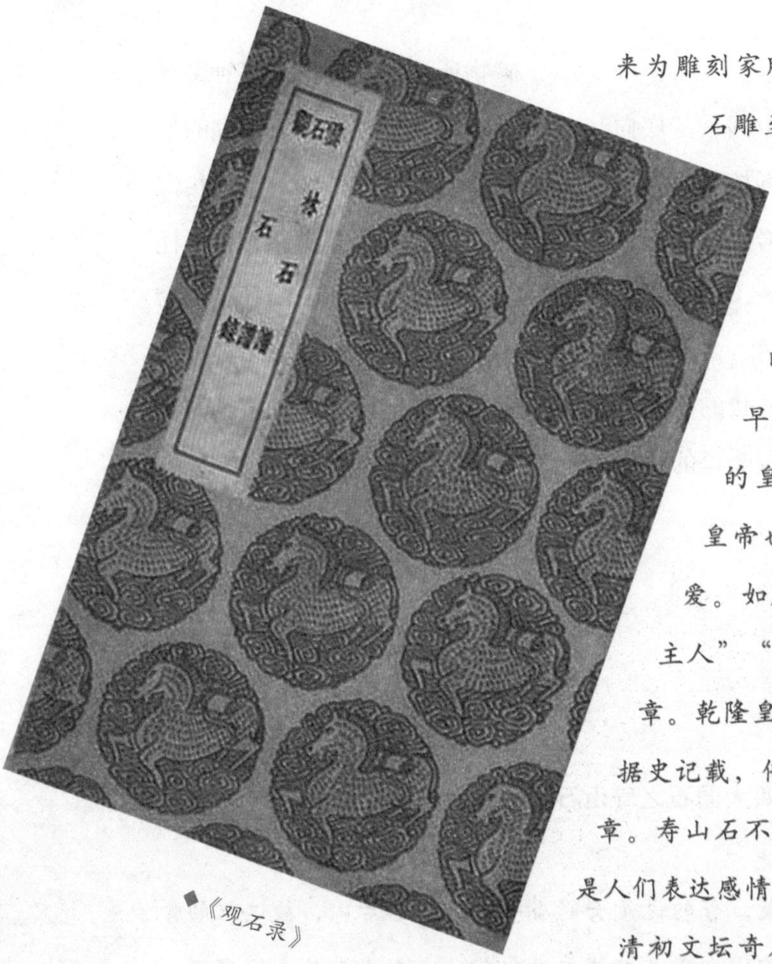

来为雕刻家所钟爱。福州的寿山石雕至今已有1500多年历史。寿山石雕发展到元代，便开始产生了寿山石印章文化。现存最早的寿山石印是明代的皇帝之宝。清代诸位皇帝也对寿山石均十分喜爱。如康熙皇帝就有“体元主人”“康熙宸翰”等寿山石章。乾隆皇帝更喜欢寿山石章，据史记载，他收藏了609枚寿山石章。寿山石不仅成为皇家珍玩，更是人们表达感情的良好礼品。

■《观石录》

清初文坛奇人毛奇龄的寿山石小晶玉扇子挂件，不但反映了一种新鲜的寿山石赏玩方式，还见证了毛奇龄的一段人生佳话。毛奇龄60岁时纳有一妾，名叫“曼殊”，二人年龄十分悬殊，而感情却很深厚，甚至毛奇龄78岁高龄时还与曼殊育有一子，被传为清初文坛的一桩喜事。毛奇龄曾为曼殊写下一篇《曼殊别志》，言辞真切。写有寿山石专著《观石录》的高兆看后深受感动，便将自己的一枚寿山石小晶玉赠予毛奇龄，还特别叮嘱一定要请著名的篆刻家刻上“曼殊”二字。特立独行的毛奇龄便将小晶玉改系在扇子上，随身携带，时时抚玩，而寿山石挂件的风尚便由此而兴起了。

玩石藏石历来是文人的雅事。而色彩斑斓、晶莹如玉的寿山石，则深受人们的推崇。寿山石既属名贵彩石，又是珍贵艺术品，可供观赏，也适宜收藏，也可作为纪念品赚送，具有高雅、美观的特点。福建省赠送澳门回归祖国的纪念礼品《闽澳情、春满地》，就是由福州市寿山石著名雕刻工艺师林飞、林东设计创作的寿山石雕。这件长宽各约15厘米、厚22厘米，重约150千克的精致作品，用整块寿山高山石雕刻而成。其主景为最具福建特色的武夷山水和榕树造型。作者巧妙地运用了石材的天然纹理和丰富色彩，将玉女峰的婀娜秀丽、大王峰的伟岸雄浑、榕树的枝繁叶茂，以及九曲长溪、水中竹排、亭台楼阁和如织的游人一一再现于不足1平方米的画面上，其中仅形态各异的人物就有99个，可谓鬼斧神工。此外，寿山石已成为2008年北京奥运会第一个获得特许产品资格的玉石类礼品。现在全球市场上寿山石“迎、庆、贺”中国结系列十分热销。

◆《闽澳情·春满地》寿山石石雕

第三章
矿物的分类

世界上的矿物资源丰富多彩，各种各样。矿物是一个大家族，目前，地壳上现已经发现有近3000种矿物，科学合理地对种类繁多的矿物进行分类，是认识它们和研究它们的基础。为了系统研究矿物，必须对矿物进行科学的分类。矿物的分类方案很多，早期曾采用过矿物的化学成分分类、矿物的地球化学分类、矿物的成因分类等。

矿物的分类采取不同分类标准可以分出不同的类型，但是现在采取按晶体化学分类的较多，采取这一标准将矿物共分为五个大类，即自然元素矿物、硫化物、卤化物、氧化物及氢氧化物类矿物和含氧盐矿物。

然而，仅仅是天然的矿物根本无法满足人类的需要，于是就出现了人工合成矿物或人造矿物。人工合成矿物是指人工模仿自然界矿物制造而成者，譬如合成宝石；人造矿物指的是在实验室中，透过置换原子或改变排列而创造出的非自然矿物。本章主要介绍矿物的分类，使读者能更好地了解矿物。

天然矿物分类

矿物是大自然赐予人类的礼物，为了更方便更好地利用矿物，首先人们要对矿物进行分类。

自然界中呈单质产出的自然元素矿物和多种元素组成的金属化合物矿物。

组成元素主要有两类：d型元素钌(Ru)、锇(Os)、铑(Rh)、铱(Ir)、钯(Pd)、铂(Pt)、铜(Cu)、银(Ag)、金(Au)等；sp型元素砷(As)、锑(Sb)、铋(Bi)、硫(S)、碳(C)等及其之间锌(Zn)、汞(Hg)、铟(In)等。

由d型元素构成的矿物，具典型金属键，原子呈最紧密堆积，呈等轴粒状和六方板状晶形，具典型

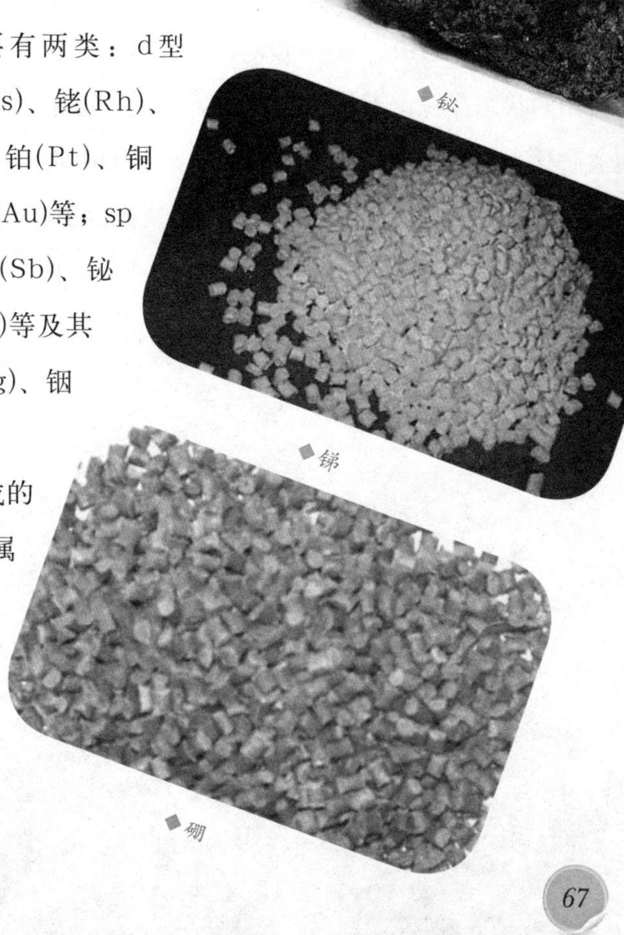

铋

锑

硼

的金属特性，不透明、金属光泽、硬度低、密度大、延展性强，为热和电的良导体。由sp型元素构成的矿物，主要是共价键和分子键，具有明显的非金属性，除金刚石外，具有低硬度、低熔点、导电性和导热性差的特点。本类矿物成因具多样化，内生和表生皆有。有些可富集成重要工业矿床。

目前已知大约有40种元素以自然状态存在于岩石中，这些元素以最原始的状态存在，不与氧、硫等阴离子结合，因此称之为“自然元素”。与其他矿物相比，自然元素矿物非常稀少，分布也极不均匀，约占地壳质量的0.1%。虽然它们含量少，但是却非常重要，主要是因为它们在工业上的重要用途，可作为某些贵金属（金，银）和宝石的主要来源。根据元素的金属键性质，将自然元素分为：自然金属、自然半金属、自然非金属。

现在就将矿物进行一下分类。按晶体化学分类将矿物共分为五个大类：

第一大类：自然元素矿物。自然元素是指由一种元素（单质）产出的矿物。地壳中已知自然元素矿物大约90种，占地壳总重量的0.1%。可以分为金属元素，以铂

族及铜、银、金等为主；非金属元素，碳、硫等；半金属元素，砷、铋等。

第二大类：硫化物。硫化物共200～300多种，按种类仅次于硅酸盐类矿物，重量为地壳的0.25%。常富集成重要的有色金属矿床，是铜、铅、锌、锑等的重要来源，具有很大经济价值。主要特点是：具有金属光泽，颜色、条痕较深，硬度低、比重大、导热性能好。另一特点是，因硫化物往往与岩浆共生，所以在地表表生作用下极易氧化，除黄铁矿（硬度6～6.5）外，其余硬度都较低。此类矿物常见者有黄铁矿、黄铜矿、方铅矿、闪锌矿、辉锑矿、辉钼矿、辰砂。

◆闪锌矿

◆黄铜矿

硫化物及其类似化合物是指金属或半金属元素与硫等阴离子相化合而成的天然化合物，其中阴离子除了硫之外，还有硒、碲、砷、锑、铋等，而阳离子主要是位于周期表右方的铜型离子和过渡型离子。它们相结合而形成硫化物机硒化物、碲化物、砷化物，锑化物和铋化物等。

硫化物及其类似化合物的矿物种数有350种左右，而其中硫化物就占了2/3以上。这些矿物只占地壳总重量的0.15%，其中铁的硫化物却占去了绝大部分，其余元素的硫化物及其类似化合物只相当于地壳总重量的0.001%。虽然它们的分布量是如此有限，但它们却可以富集成具有工业意义的有色金属和稀有分散元素矿床。

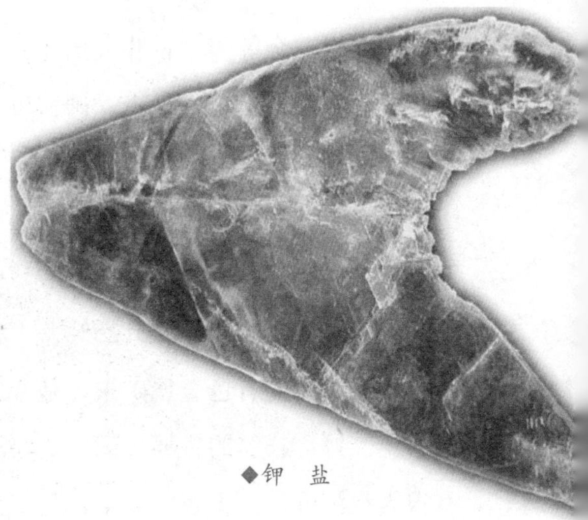
◆钾 盐

依据成分中硫离子价态的不同和络阴离子的存在与否，硫化物矿物相应分为三类：一是单硫化物：硫以S^{2-}形式与阳离子结合而成；二是双硫化物：硫以哑铃状对阴离子$[S_2]^{2-}$形式与阳离子结合而成；三是硫盐矿物，硫与半金属元素砷、锑或铋组成锥状络阴离子$[AsS_3]^{3-}$、$[BiS_3]^{3-}$，以及由这些锥状络阴离子相互联接组成复杂形式的络阴离子与阳离子结合而成。

◆钾 盐

第三大类：卤化物。卤化物的种类相对较少，约120种，仅占地壳重量的0.1%。大部分形成于地表条件下，构成盐类矿物，含色素离子少，色浅，硬度低，一般小于3.5。常见矿物有石盐、钾盐、萤石等。

卤化物类矿物的种类很多，它

们与人们的生活密切相关，可以说，在人们的衣食住行中，一刻也离不开这些矿物。无水卤化物矿物最普遍，石盐、钾盐、铜盐、角银矿、溴银矿、氯钙石、氟石和冰晶石等都属于无水卤化物矿物。

◆角银矿

石盐由氯和钠两种元素组成。

◆冰晶石

硬度为2.5，比重2.1～2.6，玻璃光泽至油脂光泽。由于含有杂质，常常是白色、淡黄色、淡红色、淡兰色或褐色的。除加工食用外，还可用于食物保存剂；还可与盐酸、氯、钠、碳酸钠、硫酸钠、氯化钠一起成为重要的化工材料。还可以用作制造瓷器、玻璃等的原料。

钾盐与石盐区别在于阳离子不同，钾盐是氯化钾，物理性质和石盐相似。由于成分不同，它们的用途也不同。钾盐是肥料和硝酸钾的重要原料。它的化合物可供医药、香料、烟火和印刷等行业应用。

其中，角银矿和溴银矿都是

提取银最好的矿物，前者是氯化银，后者是溴化银。

铜盐的硬度是2～2.5，比重3.9。具有金刚光泽，无色，白色或淡灰色、断口呈贝壳状。它是提炼铜和制氯的原料。

◆光卤石

氯钙石和氟钙石硬度仅为1～1.5，比重为2.2。而氟石硬度为4，比重3～3.5。两种矿物均为玻璃光泽。氯钙石常作为干燥剂原料。氟石主要是用做制钢和炼铁的熔剂。它们在化学工业中有广泛的用途，在饮食器皿的瓷釉及装饰品、人造冰晶石制作上也离不开氟石。应当提到的是，在医药中它与钙盐混合可治各类骨科病症。

含水的氯化物和氟化物在卤化物矿物中也很重要。含水的氯化物中用途最广的是光囟石，也叫砂金卤石。在青海省大紫旦湖边人们经常采集到如同水晶宝塔一样的光卤石晶簇，它是钾石盐最好的原料。其化学成分是含水的氯化钾和氯化镁的组合。如果我们将钾去掉，光

◆镁

第四大类：氧化物及氢氧化物类矿物。其分布相当广泛，约180～200种之多，占地壳重量的17%。常见矿物有石英、刚玉、磁铁矿、铝土矿等，是铝、铁、锰、锡、铀、铬、钛、钍等矿石的重要来源，经济价值很高。

元素与氧结合形成氧化物。最常见的例子是赤铁

卤石在封闭电槽中电解后，可得到金属镁，镁可用于航空工业，还可民用制作照明原料，如照明弹、照明粉等。

含水的氟化物、氟铝石，常呈极小的晶体，硬度为3，无色透明，玻璃光泽，是用于炼铝的原料。另一种水铝氟石，硬度为4.5。比重2.88～2.89，玻璃光泽。它是制作光学器皿的原料。

◆钾石盐

◆氧化铁

矿，一种氧化铁，即铁与氧(O)的化合物。氧化物形成多种矿物，产生于许多地质环境和大多数岩石类型中。赤铁矿、磁铁矿(另一种氧化铁)、锡石（氧化锡）和铬铁矿（氧化铬）都是重要的金属矿物。其他如刚玉（氧化铝）构成多种宝石，如红宝石和蓝宝石。氧化物的性质各不相同，各种宝石和金属矿石都很坚硬，比重也大。颜色变化不一，从红宝石的鲜红色，蓝宝石的蓝色，尖晶石（氧化铝镁）的红、绿、蓝色到磁铁矿的黑色。金属元素与水和羟基（OH）结合形成氢氧化物。较常见的例子是水镁石（氢氧化镁）。氢氧化物是氧化物与水经由化学反应而形成，通常硬度较低，如水镁石的硬度2.5，三水铝石（氢氧化铝）的硬

◆水镁石

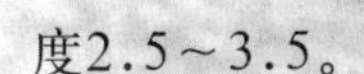

度2.5～3.5。

主要的氧化物和氢氧化物矿物如下：

（1）赤铜矿

赤铜矿晶体呈八面体，立方体和十二面体，双晶现象不常见。赤铜矿也以块状、致密状和粒状集合体产出；呈红色，条痕棕红色；半透明到透明，暴露于空气中变成半不透明；金刚光泽、半金属光泽或土状光泽，分布广泛，形成于铜矿床的氧化带；与自然铜、孔雀石、蓝铜矿、辉铜矿和铁的氧化物伴生；鉴定特征是能熔于硝酸和其他酸而可熔，火焰呈绿色。

（2）红锌矿

红锌矿晶体异极形锥状，不过很罕见，常以块状、粒状和叶片状集合体产出；暗红到桔黄色，条痕桔黄色；半透明到透明，半金刚光

◆红锌矿

◆硅锌矿

◆碱玄岩

泽；与方解石、硅锌矿、锌铁尖晶石、碱玄岩伴生于接触变质岩中。红锌矿是一种重要的锌矿，由于稀有而受到收藏家和矿物学家的珍爱。鉴定特征是能熔于盐酸，不产生任何气泡，还具有萤光性，置于火焰中也不熔化。

（3）金绿宝石

金绿宝石晶体呈板状或柱状，常成双晶，呈粒状和块状集合体；颜色变化很大，从绿色、黄色到浅棕色、灰色；其变种变石在日光下呈绿色，在钨灯下呈红色；透明至

◆金绿宝石

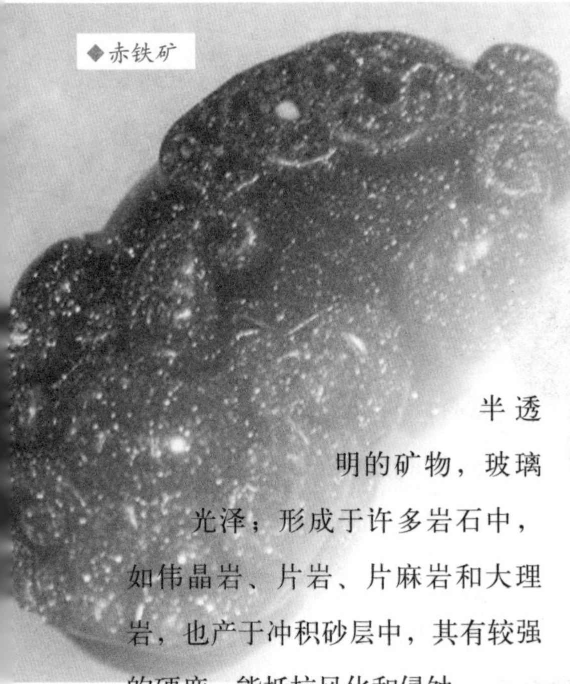

◆赤铁矿

半透明的矿物，玻璃光泽；形成于许多岩石中，如伟晶岩、片岩、片麻岩和大理岩，也产于冲积砂层中，其有较强的硬度，能抵抗风化和侵蚀。

（4）赤铁矿

赤铁矿晶体呈板状或锥状晶体，偶见柱状或锥状晶体。板状晶体形成玫瑰花式，称为铁玫瑰。其多以块状、致密状、柱状、纤维状、肾状、葡萄状、钟乳状、叶片状和粒状集合体产出。赤铁矿形成肾状时，称为肾铁矿；颜色种类多，从浅棕色、鲜红色、血红色、棕红色到灰色和铁黑色，条痕棕红色；不透明，金属至暗淡光泽；常驻形成于热液和交代矿床，也以副矿物形成于火成岩；鉴定特征是加热后变得有磁性。

（5）玉髓

玉髓是石英的隐品质异种、常以钟乳状或葡萄状块体产出；颜

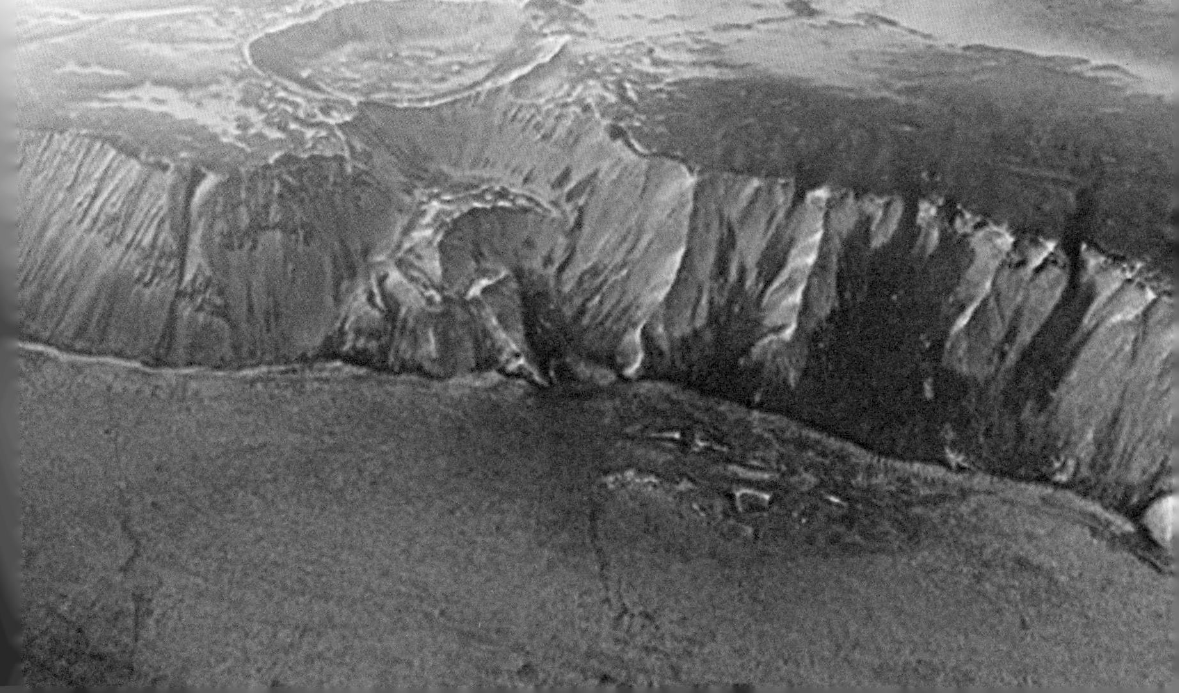

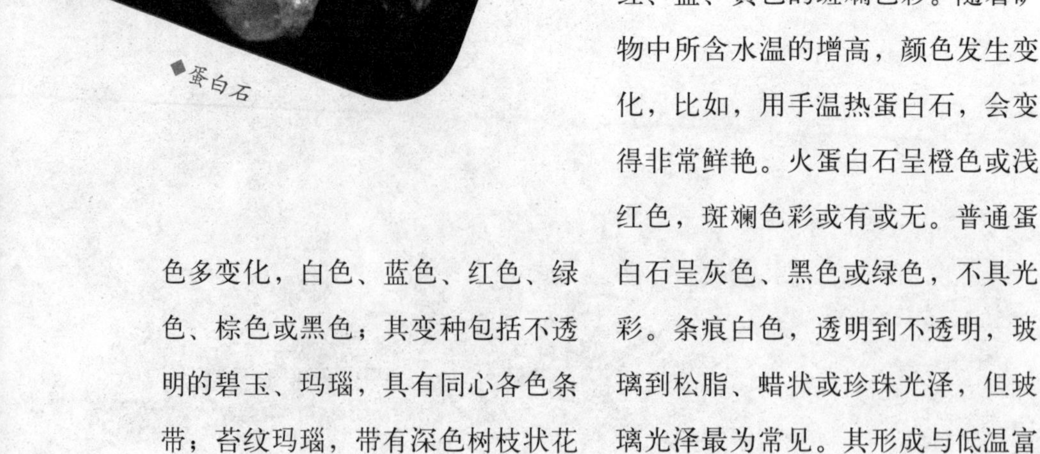

◆玉　髓

◆蛋白石

色多变化，白色、蓝色、红色、绿色、棕色或黑色；其变种包括不透明的碧玉、玛瑙，具有同心各色条带；苔纹玛瑙，带有深色树枝状花纹。光玉髓为红色到红棕色；而肉红玉髓则从浅棕色到深棕色。

玉髓条痕白色，透明到半透明或不透明，玻璃到蜡状光泽。成因形成于多种岩石的裂隙中，尤其是熔岩。大多数玉髓是由富含硅的溶液，在较低的温度下沉积而成。此外，蛋白石脱水也可成。

(6) 蛋白石

蛋白石是非晶质矿物，集合体多变，呈块状、葡萄状、肾状、钟乳状、球状、瘤状及结核状。贵蛋白石呈乳白色或黑色，并带红、蓝、黄色的斑斓色彩。随着矿物中所含水温的增高，颜色发生变化，比如，用手温热蛋白石，会变得非常鲜艳。火蛋白石呈橙色或浅红色，斑斓色彩或有或无。普通蛋白石呈灰色、黑色或绿色，不具光彩。条痕白色，透明到不透明，玻璃到松脂、蜡状或珍珠光泽，但玻璃光泽最为常见。其形成与低温富含硅质的水中，尤其在温泉周围。不过，蛋白石几乎可以在任何一种地质环境下形成。鉴定特征是常在紫外线光下发萤光，并且不溶于任何酸。加热后分解，并随水分子的脱离变成石英。不管蛋白石在空气中暴露的时间是长是短，矿物构造都会变得脆弱，这是水分的散失和断口被填充所致。

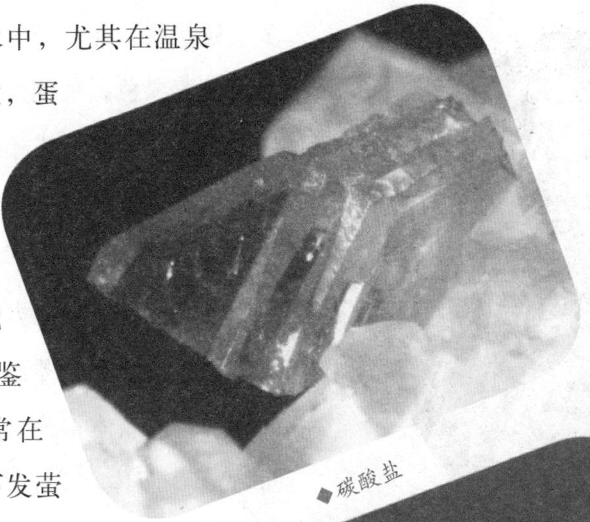

◆碳酸盐

◆钨酸盐

第五大类：含氧盐矿物。含氧盐矿物是矿物中的最大一类，几乎占地壳已知矿物的2/3，含氧盐又分为碳酸盐、硫酸盐、铬酸盐、钨酸盐、磷酸盐、砷酸盐和矾酸盐、硼酸盐矿物。

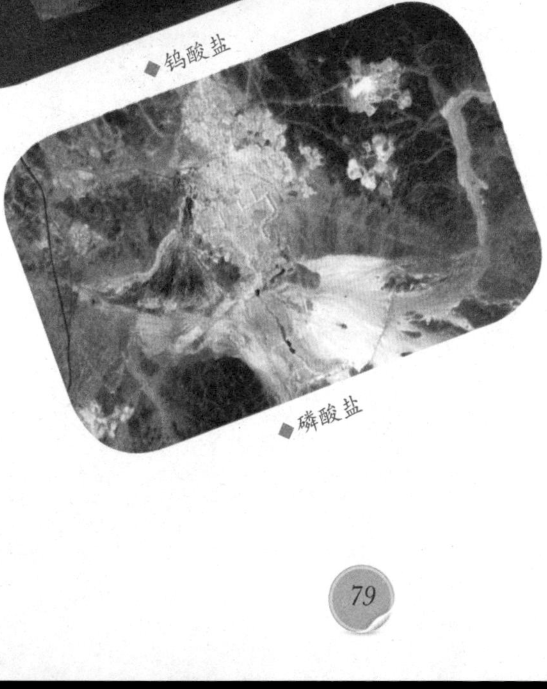

◆磷酸盐

◆橄榄石晶体

多呈粒状集合体。随铁含量增多，可由浅黄绿色，玻璃光泽，透明至半透明。解理中等或不完全，常见贝壳状断口，性脆。

(2) 方解石晶体

方解石晶体属三方晶系的碳酸盐矿物，三组完全菱面体解理，故名方解石。晶体常为复三方偏三角面体或菱面体与六面体的聚形，

(1) 橄榄石晶体

橄榄石晶体属正交晶系的一族岛状结构硅酸盐矿物的总称，因常呈橄榄色而得名。晶体为短柱状，

◆方解石晶体

集合体多呈粒状、块状、钟乳状、纤维状及晶簇状等。通常为无色、乳白色，含杂质则染成各种颜色，有时具晕色。其中无色透明的晶体称冰州石，玻璃光泽。

◆冰州石

(3) 白云石晶体

白云石晶体属三方晶系的碳酸盐矿物，其晶体结构与方解石类似，晶形为菱面体，晶面常弯曲成马鞍状，聚片双晶常见，多呈块状、粒状集合体。纯白云石为白色，因含其他元素和杂质有时呈灰绿、灰黄、粉红等色，玻璃光泽。三组菱面体解理完全，性脆。硬度稍大，在冷稀盐酸中反应缓慢等特征，可与相似的方解石相区别。

(4) 孔雀石

孔雀石的晶体属单科晶系的碳酸盐矿物，因颜色类似蓝孔雀羽毛的颜色而得名。晶体为柱状、针状或纤维状、通常呈钟乳状、肾状、被膜状或土状集合体。颜色呈绿色，玻璃光泽，半透明。

(5) 蓝铜矿晶体

蓝铜矿的晶体属单斜晶系的碳酸盐矿物，中国古代称为石膏。晶体为柱状或厚板状，通常多呈粒状、钟乳状、皮壳状或土状集合体。深蓝色，条痕为天蓝色玻璃光泽，土状块体为浅蓝色。贝壳状断口。

◆白云石晶体

称为纤维石膏。

(7) 绿柱石晶体

绿柱石晶体属六方晶系的环状结构硅酸盐矿物，晶体常呈六方柱，柱面上有有纵纹，集合体有时呈晶簇状或针状，有时可形成伟晶，长可达5米，重达18吨。其多为浅绿色，成分中富含铯时，呈粉红色，称为玫瑰绿柱石；含铬时，呈鲜艳的翠绿色，称为祖母；含二价铁时，呈淡蓝色，称为海蓝

◆石膏晶体

(6) 石膏晶体

石膏晶体属单斜晶系的含水硫酸盐矿物，晶体常呈近似菱形的板状，燕尾双晶常见，多纤维状、粒状、致密块状集合体。玻璃光泽，纤维状者呈丝绢光泽。一组极完全解理，薄片具挠性。摹氏硬度为2。其有多种形态产出；质纯无色透明的晶系称为透石膏；雪白色、不透明的细粒块状称为雪花石膏；纤维状集合体并具丝绢光泽的

◆绿柱石晶体

宝石；含三价铁时，呈黄色，称为黄绿宝石。

（8）电气石晶体

电气石晶体属三方晶系的一族环状结构硅酸盐矿物的总称。其晶体呈近三角形的柱状，两晶形不同，柱面具柱纹，多呈粒状或块状集合体。颜色多变，富铁者为黑色，富锂、锰、铯者为玫瑰色或深蓝色，富没者呈褐色或黄色，富铬者为深绿色。玻璃光泽，断口松脂状光泽，半透明至透明。无解理。

◆黄玉晶体

（9）黄玉晶体

黄玉的晶体属正交（斜方）晶系的岛状结构硅酸盐矿物。晶体通常呈短柱状，柱面有纵纹，多呈粒状或块状集合体，无色或黄、蓝、红等色，玻璃光泽，透明至不透明一组与柱面垂直的完全解理。摹氏硬度为8。

知识小百科

中国四大国石之青田石——千古名石天下雄

青田石属叶蜡石类，主要产与浙江北部重峦叠嶂的石材之中，生成的温度和气压都较高，故石质结实细密，刀感软硬适中，特别富有金石味。与寿山石主调尚艳、尚浓不同，青田石主调尚清、尚淡，退尽火气，雍容娴静，让人回味无穷。

◆青田石

相传远古时代，一块女娲用来补天剩下的五彩遗石，自愧派不上用场，于是向娲皇请缨到下界，后来五彩遗石下凡的地方就是青田县，这块五彩遗石也因此被称为青田石。青田石雕就是以青田石作为材料雕制而成的艺术品。以秀美的造型、精湛的技艺博得人们喜爱，被喻为“在石头上绣花”的青田石雕，令

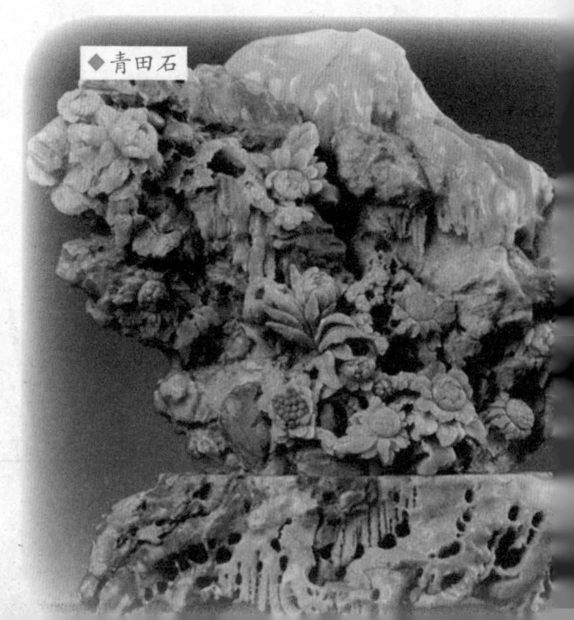
◆青田石

人叹为观止。

青田石雕是中国传统石雕艺术宝库中一颗璀璨的明珠，历史悠久。现在可以见到的最早作品是珍藏在浙江博物馆内的出土文物——六朝时期殉葬用的青田石雕小卧猪。该作品线条简练、造型古朴、形神兼备，艺术上可见汉、魏风貌。到明代，许多青田冻石块料直接运销南京等地，被文人墨客作篆刻印材，极其珍贵。

宝典福书

1790年，乾隆皇帝八十大寿时，大臣选用青田石刻制一套60枚“宝典福书”印章作为寿礼，每枚印章上都有一个“福”字。乾隆见了，龙心大

◆青田石雕

悦，现珍藏在北京故宫博物院。随着远洋商贸开通，青田石雕远销英、美、法。清光绪三十年，在比利时赛会上，青田石雕获银牌奖。光绪三十一年，在意大利罗马赛会上又获上等奖。1915年在美国旧金山举办的“巴拿马太平洋博览会”上，荣获两枚银牌奖章。

新中国成立以来，青田石雕又以独特精湛的工艺，被外交部定为国礼。1956年，印尼总统加诺访华、苏联最高苏维埃团主席伏罗希洛夫访华；1972年美国总统尼克松访华；1978年我国领导访问朝鲜，皆以青田石雕馈赠。自此，青田石雕在国际上的影响力与日俱增，成为文明的象征、友谊的见证。

人造矿物分类

自然界中有的矿物非常丰富，但是有些款物比较少甚至稀缺，无法满足人类工业生产的需要，从19世纪40年代开始了人造矿物的研究。许多人造矿物的性能已接近或超过相应的天然矿物，有些人造矿物可以代替某些天然矿物，成本比开采天然矿物的成本还低，并且可

◆石　英

普遍分布，但符合要求的石英晶体却很少，即使有这种晶体，在开采过程中也很容易将晶体震裂，影响使用价值。自从1947年实验室培养出人工晶体后，为工业生产提供了大量透明可用的晶体，现在光学和电子工业上所用的石英晶体都是人造石英晶体。20世纪80年代末全世界人造石英生产能力已近2000吨。

金刚石以其最大的硬度、半导体性质以及光彩夺目的光泽，分别应用于钻头切割、电子工业和宝石

以控制矿物的质量和大小。所以人造矿物的研究和生产发展很快。

石英具有压电效应，按晶体一定方向切割的薄片广泛应用于电子工业上，如雷达上就需要这种切片，但要想获得这种薄片，必须是透明、无缺陷的石英晶体，大小还有一定要求（不小于6×6×6毫米）。虽然石英在自然界

◆金钢石

天然金刚石

工业上。从1955年开始在实验室合成人造钻石，但颗粒较小只有1克拉左右，这种钻石不够透明故多用于切割工业。而用于首饰上的金刚石只有少数是人工合成的，大多数是以其它人工合成的矿物作为金刚石的代用品。人造立方氧化锆（ZrO_2）、人造金红石（TiO_2）、人造尖晶石（$MgAl_2O_4$）等，这些矿物都具有高的折射率和色散，打削加工后均能出现闪闪发光的色散效应，可代替金刚石用于首饰工业，镶嵌在戒指上，而人工合成的金刚石其中含有B、Be、Al等杂质，使其半导体性能强于天然金刚石。

随着人们生活水平的提高，宝石的需求量也不断增长，但宝石矿的产出不多，且分布局限，所以人工合成宝石就代替了相应的天然宝石。人造祖母绿、人造刚玉、人造变石、人造绿松石等

氧化锆

与天然宝石基本一致，都已经生产出来并在市场上销售。

人造矿物的研究发展迅速，现在不仅合成相似于自然界产出的矿物的人造矿物，并且在实验室还合成许多自然界没有的人工晶体，以满足工业需要。

目前，许多人造矿物的性能早已超过相对应的天然矿物，有些人造矿物可以代替某些天然矿物，不仅能够降低开采成本，还可以控制矿物的质量与大小。所以人造矿物的研究和生产发展很快。所以人造矿物的研究和生产发展很快。

合成宝石与人造宝石

根据中华人民共和国1997年5月1日实施的国家标准“GB/T16552-1996珠宝玉石名称”的规定，合成宝石与人造宝石属于人工宝石。人工宝石的定义是：完全或部分由人工生产或制造，用作首饰及装饰品的材料统称为人工宝石。

合成宝石是指完全或部分由人工制造并且自然界有已知对应物的晶质或非晶质体，其物理性质、化学性质和所对应的天然珠

◆合成宝石

宝玉石基本相同。定名时必需在其所对应的天然珠宝名称前加“合成”二字，如“合成红宝石”“合成祖母绿”等。例如：合成红宝石和合成蓝宝石的化学成份为Al_2O_3，矿物名称为刚玉，六方晶系，硬度9，相对密度3。其物理性质、化学性质及光学特征与天然红宝石和蓝宝石基本相同，因此可称为合成宝石。据不完全统计，现今世界上已研究成功并投入批量生产的合成宝石达30多种，其中特别重要的有10余种。我们常见的合成宝石有人工合成的祖母绿、红宝石、星光红宝石、蓝宝石、星光蓝宝石、各种颜色的水晶、尖晶石、金红石、金绿猫眼、金刚石等。

◆合成红宝石

人造宝石是指由人工制造且自然界无已知对应物的晶质或非晶质体。定名时必需在材料名称前加“人造”二字，如“人造钆镓榴石”.“人造钇铝榴石”等， 但“玻璃”和“塑料”除外。人造宝石具有宝石的属性，可以用作宝石饰物，主要用于代替或仿造某种类型的

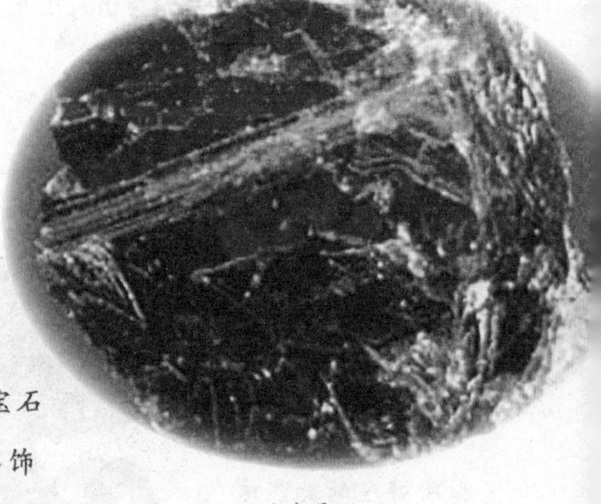

◆尖晶石

天然宝石，如人造钛酸锶、人造钇铝榴石(YAG)、人造钇镓榴石(GGG)等以其高色散的特性， 常用于仿钻石。

另外，近年来我国生产的稀土玻璃类宝石、玻璃猫眼、人造绿松石、人造珊瑚等均由玻璃材料制成，也属于人造宝石范畴。值得指出的是：合成立方氧化锆以前一直被列入人造宝石范畴，但根据珠宝玉石国家标准释义“立方氧化锆这类物质曾发现于天然锆石的包裹体中”，并且美国宝石学院(GIA)(GemRefrenceGuide)也将传统的所谓“人造立方氧化锆”划归为合成宝石，因此，人工生产的立方氧化锆应称之为“合成立方氧化锆”，属合成宝石范畴。

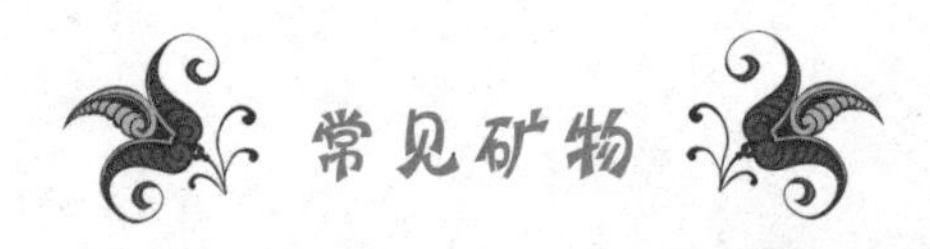

常见矿物

◎钻　石

◆金钢石

(1) 钻石简介

矿物中有一种很珍贵的叫做钻石，钻石的矿物名称叫“金刚石”，其英文为Diamond，源于古希腊语Adamant，意思是坚硬不可侵犯的物质，它是公认的宝石之王。钻石的化学成分有99.98%的碳。也就是说，钻石其实是一种密度相当高的碳结晶体。

钻石是指经过琢磨的金刚石，金刚石是一种天然矿物，是钻石的原石。简单地讲，钻石是在地球深部经过高温和高压的条件下形成的一种由碳元素组成的单质晶体。虽然人类文明有几千年的历史，但是

◆钻　石

人们发现和初步认识钻石却只有几百年，而真正揭开钻石内部奥秘的时间则更短。在这之前，伴随它的只是神话般具有宗教色彩的崇拜和畏惧的传说，同时人们主要是把它视为权力、地位、勇敢和尊贵的象征。现在，钻石对于人们来说，就不再神秘莫测，更不是只有皇室贵族才能享用的珍品。它已成为百姓们都可拥有、佩戴的大众宝石。钻石的文化源远流长，人们把它视为爱情和忠贞的象征。

钻石的化学成分是碳，在宝石中是唯一由单一元素组成的。钻石的晶体形态多呈八面体、菱形十二面体、四面体及它们的聚形。一般，纯净的钻石无色透明，因为有微量元素的混入则会呈现出不同的颜色。如强金刚光泽，折光率2.417，色散中等，为0.044。均质体，热导率为0.35卡/厘米 · 秒 · 度。用热导仪测试，反

◆金钢光泽

◆立方氧化锆
◆钇铝榴石

蓝色荧光。钻石的化学性质很稳定，在常温下不容易溶于酸和碱，酸碱不会对其产生作用。

宝石市场上常见的代用品或赝品有无色宝石、无色尖晶石、立方氧化锆、钛酸锶、钇铝榴石、钇镓榴石、人造金红石。1955年，日本第一个研制成功了合成钻石，但是，并未批量生产。因为合成钻石要比天然钻石费用高，所以市场上合成钻石很少见。钻石以其特有的密度、硬度、色散、折光率可以与其相似的宝石区别。如：仿钻立方氧化锆多无色，色散强（0.060）、光泽强、密度大，为5.8克/立方厘米，手掂重感明显。钇铝榴石色散柔和，肉眼很难将它与钻石区别开。所以，选购时要牢记钻石的鉴定特征，以免造成不必要的损失。

（2）钻石形成原理

现代发达的科学技术等为探索钻石的形成提供了新思路和方法。

应最为灵敏，其硬度为10，是目前已知最硬的矿物，绝对硬度是石英的1000倍，是刚玉的150倍，怕重击，重击后会顺其解理破碎。密度为3.52克/立方厘米。钻石具有发光性，日光照射后，夜晚能发出淡青色磷光。X射线照射，发出天

◆红宝石

钻石是世界上最坚硬的、成份最简单的宝石，它是由碳元素组成的、具有立方结构的天然晶体。其钻石成份与人们常见的煤、铅笔芯及糖的成份基本相同，碳元素在较高的温度、压力下，结晶形成石墨（黑色），而在高温、极高气压及还原环境（通常来说就是一种缺氧的环境）中则结晶为珍贵的钻石（白色）。为了更好地理解钻石的起源，先来了解一下含有钻石的原岩。

自从钻石在印度被发现以来，不断听到人们在河边、河滩上捡到钻石的故事，这是因为位于河流上游某处含有钻石的原岩，被风化、破碎后，钻石随水流被带到下游地带，比重大的钻石被埋在沙砾中。那么，钻石的原岩是什么？1870年，人们在南非一个农场的黄土中

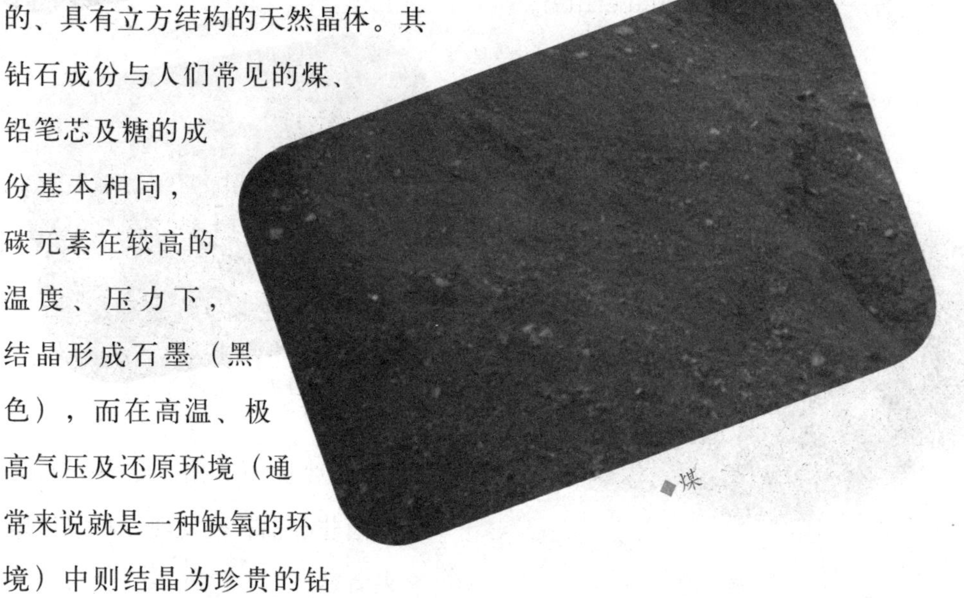
◆煤

◆金伯利岩

挖出了钻石，此后钻石的开掘由河床转移到黄土中，黄土下面就是坚硬的深蓝色岩石，它就是钻石原岩——金伯利岩(kimberlite)。

什么是金伯利岩？金伯利岩是一种形成于地球深部、含有大量碳酸气等挥发性成份的偏碱性超基性火山岩，这种岩石中常常含有来自地球深部的橄榄岩、榴辉岩碎片，主要矿物成份包括橄榄石、金云母、碳酸盐、辉石、石榴石等。研究表明，金伯利岩浆形成于地球深部150千米以下。由于这种岩石首先在南非金伯利被发现，故以该地名来命名。

◆金云母

◆辉　石

◆橄榄石

◆白榴石

1100℃～1500℃。虽然理论上说，钻石可形成于地球历史的各个时期或阶段，但是，目前所开采的矿山中，大部分钻石主要形成于33亿年前以及12至17亿年这两个时期。如南非的一些钻石年龄为45亿年左右，表明这些钻石在地球诞生后不久便已开始在地球深部结晶，钻石是世界上最古老的宝石。钻石的形成需要一个漫长的历史过程，这从钻石主要出产于地球上古老的稳定大陆地区可以证实。另外，外星体对地球的撞击，产生

另一种含有钻石的原岩称钾镁煌斑岩，它是一种过碱性镁质火山岩，主要由白榴石、火山玻璃形成，还可能含辉石、橄榄石等矿物，典型产地为澳大利亚西部阿盖尔。

科学家们经过对来自世界各地不同矿山钻石及其中原生包裹体矿物的研究发现，钻石的形成条件一般为压力在4.5～6.0季帕（相当于150～200千米的深度），温度为

◆钻　石

瞬间的高温、高压，也可能形成钻石，如1988年前苏联科学院报道在陨石中发现了钻石，但是这种作用形成的钻石并没有什么经济价值。

稀少的钻石主要出现在两类岩石中，一类是橄榄岩类，一类是榴辉岩类，但只有前者具有经济意义。含钻石的橄榄岩，目前为止发现有两种类型：金伯利岩和钾镁煌斑岩，这两者中岩石均是由火山爆发作用产生的，形成于地球深处的岩石由火山活动被带到地表或地球浅部，这种岩浆多以岩管状产出，因此俗称“管矿”（即原生矿）。含钻石的金伯利岩或钾镁煌斑岩出露在地表，经过风吹雨打等地球外营力作用而风化、破碎，在水流冲刷下，破碎的原岩连同钻被带到河床，甚至海岸地带乘积下来，形成冲积砂矿床（或次生矿床）。

◆榴辉岩

（3）钻石产地分布

目前，已探明天然钻石储量大约有25亿克拉，其中澳大利亚6.5亿克拉，扎伊尔5.5亿克拉。按目前开采水平现有钻石储量只能开采25年，但随

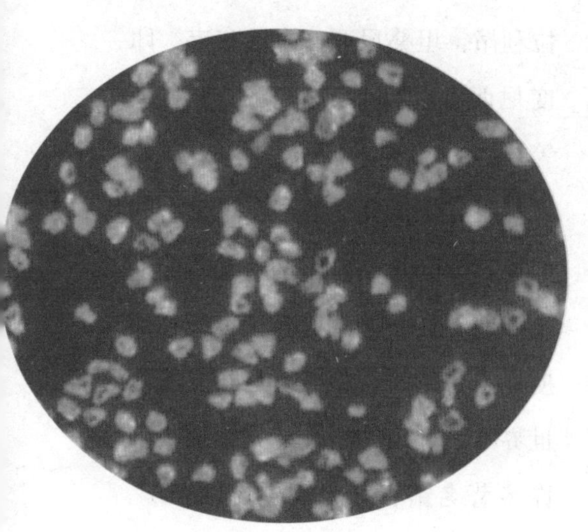

◆金钢石

家是澳大利亚、扎伊尔、博茨瓦纳、俄罗斯、南非。这五个国家的钻石产量占全世界钻石产量的90%左右，其它产钻石的国家有刚果(金)、巴西、圭亚那、委内瑞拉、安哥拉、中非、加纳、几内亚、象牙海岸、利比利亚、纳米比亚、塞

◆钻　石

着找矿科技水平的提高，每年都发现有新的矿区，近几年加拿大钻石储量明显增加。

自从钻石开采以来，共采出钻石350吨左右，即17.5亿克拉，现在全世界每年开采钻石在9000万至1亿克拉，其中宝石级占17%～20%。20%宝石级钻石价值相当于80%工业级金刚石价值的5倍。

世界各地均有钻石产出，已有三十多个国家拥有钻石资源，年产量1亿克拉左右。产量前五位的国拉利昂、坦桑尼亚、津巴布韦、印度尼西亚、印度、中国、加拿大等。

◆钻　石

印度是世界上最早发现钻石的国家，3000年前，印度是钻石的唯一产地。自2500年前至18世纪纪初印度克里希纳河、彭纳河及其支流是世界唯一产出钻石的地方，历史上许多著名钻石如光明之山(kohi-noor)、奥尔洛夫(orloff)和大莫卧儿(great mogul)都来自印度，然而，目前印度的钻石产量很小。

1725年，巴西钻石的发现及开采，使得巴西取代了印度的地位，成为当时全球钻石最重要的产地。

◆钻　石

1867年以后，南非发现了冲积砂矿床和大量原生金伯利岩，使得南非成为世界上最重要的钻石生产国，其产量长期处于世界前列，并由此开创了钻石业的新纪元。1905年，在南非阿扎氏亚发现了世界上最大的金伯利岩岩筒—普列米尔岩筒，并在此发现了最大的钻石（库利南钻石）。目前，南非拥有世界

◆金伯利岩

上产量最大、且最现代化的维尼蒂亚钻石矿。南非钻石颗粒大，品质优，50%的金刚石均是可切割的，其产量虽然不及澳大利亚等国，但产值一直居世界前列。

自1979年澳大利亚西部发现钾镁斑岩中含有金刚石起至1986年，澳大利亚的金刚石产量已居世界霸主地位，但宝石级仅占其产量的5%。澳大利亚钻石主要分布西澳新南威尔斯的bingara和copeton，尤其是阿盖尔(argle)矿床储量为5.5亿克拉。

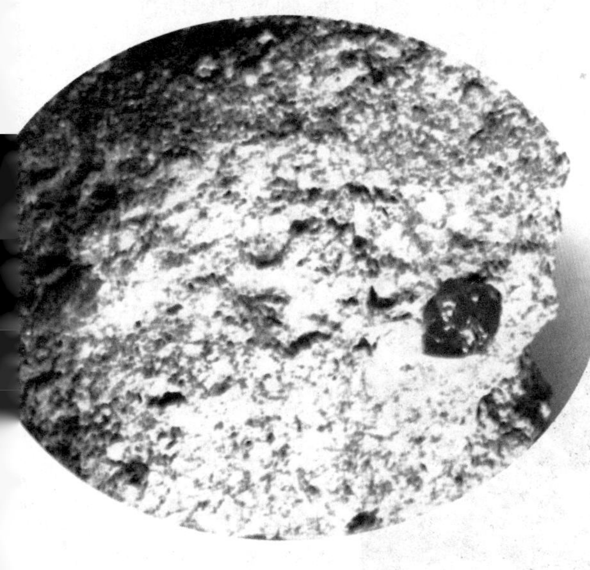
◆岩　筒

博茨瓦纳盛产优质金刚石，宝石级占50%，其产值居世界首位。博茨瓦纳的钻石来自露天开采的金伯利岩，巨大的矿山有orapa岩筒(1967年)、letihakena岩筒(1977年)和jwaneng钻矿(1982年)，三个矿的总产量在1989年超过1500万克拉。

俄罗斯的钻石主要分布在西伯利亚中部雅库特地区，该区找到有一百多个含金刚石金伯利岩筒，1988年，俄罗斯在靠近欧洲附近又找到新的钻石矿。目前，俄罗斯钻石产量在1200万克拉左右，50%为宝石级。多年来俄罗斯形成了独立的钻石开采加工销售体系，其钻石数量大、质量优、均匀性好，在市场上具有很强的竞争力。前几年报道加拿大北部地区发现大量金伯利岩，几年后钻石产量达到了全世界产量的10%。

常林钻石

中国的金刚石探明储量和产量均居世界第10名左右，年产量在20万克拉，钻石主要在辽宁瓦房店、山东蒙阴和湖南沅江流域，且都是金伯利岩型。其中辽宁的质量好，山东的个头较大，辽宁瓦房店是目前亚洲最大的金刚石矿山。

1965年，中国先后在贵州和山东找到了金伯利岩和钻石原生矿床。1971年辽宁瓦房店找到钻石原生矿床。目前仍在开采的两个钻石原生矿床分布于辽宁瓦房店和山东蒙阴地区。钻石砂矿则见于湖南沅江流域、西藏、广西以及跨苏皖两省的郯庐断裂等地。

目前我国现存发现的最大钻石为常林钻石，于1977年12月21日发现于山东，由常林大队魏振芳发现，故而得名“常林钻石”，现藏银行国库

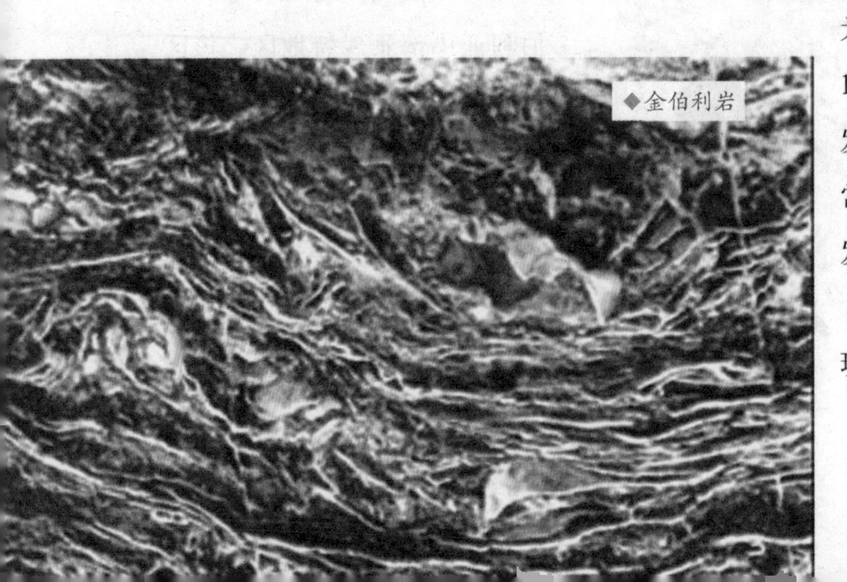
金伯利岩

◆金鸡钻石

中。常林钻石重158.786克拉，呈八面体，质地洁净、透明，淡黄色。

另传，中国最大的钻石曾是金鸡钻石，也发现于该地区，重281.25克拉，但在二战期间被日军掠走，至今下落不明。

（4）钻石的评价与选购

评价与选购钻石应从以下四个方面考虑：

颜色：以无色为最好，色调越深，质量越差。具有彩色的钻石，如：红、粉红、绿、蓝色等，又属于钻石中的珍品，价格昂贵。

瑕疵：应在十倍显微镜下仔细观察钻石洁净程度，瑕疵越多，所在位置越明显，则质量越差，价格也相应地要降低。

◆蓝色钻石

重量：钻石的价格与重量的平方成正比，重量越大，价值越高。

切工：应按标准比例切磨而成标准圆钻型。比例不合适，钻石会不出“火”，则价格下降。如果表面有琢磨的细纹和人工损伤，其价格也会下降。

◆宝石之首

钻石居世界五大珍贵高档宝石之首，素有“宝石之王”“无价之宝”的美誉。国际宝石界定钻石为“四月诞生石”。世界上最早发现金刚石的国家是四大文明古国之一的印度。世界上最大的钻石是1905年1月21日在南非比勒陀利亚城发现的库里南钻石，呈淡天蓝色，重量3106克拉，近似一个男人的拳头。被琢磨成大小不等的105粒钻石，其中最大的一粒“非洲之星”重530.2克拉，镶在英王爱德华七世的权杖上。

宝石级金刚石多富集于砂矿或金伯利岩和钾镁煌斑岩岩筒中。

世界上最著名的钻石产地有澳大利亚、南非、扎伊尔、博茨瓦纳、俄罗斯等国。中国的辽宁、山东、湖南等省均有产出。

知识小百科

历史上最大的宝石级钻石——克利兰钻

1905年1月25日南非普里米尔矿区工人收工之际，工地总监佛德瑞克·威尔斯正做当天最后一次巡查。突然，一名工人上气不接下气的跑来，拉他到一个坑旁，指给他看埋在泥中，在夕阳下闪闪发光的物体。威尔斯猜想，大概又是工人故意放置的玻璃，想要戏弄他(工人常玩这样的游戏)。但他仍然走入坑内，把它挖起，这就是历史上最大的一颗宝石级钻石。

这颗原石测量为2×2.5×4英寸，重约1.33磅，并且近乎无暇。该矿创始人汤玛士·克利兰爵士，当天恰巧亲临矿场巡视，便以克利兰命名。

◆克利兰钻

原石被切成九大块大石，九十六颗小石，以及约有19.5克拉的未磨碎石。其中最大两颗留为英王皇冠装饰，其馀则当做酬谢亚塞师傅们的工资。

◎彩色宝石

彩色宝石指那些有颜色的宝石，比如红宝石、蓝宝石、祖母绿、欧泊、碧玺、海蓝宝石、猫眼宝石、变色宝石、黄晶宝石、尖晶宝石、石榴石宝石、锆石宝石、橄榄绿宝石、翡翠绿宝石、石英猫眼、绿松石、青金石等。下面将主要介绍一些较为珍贵并且常见的彩色宝石。

（1）红宝石

红宝石是指颜色呈红色、粉红色的刚玉，它是刚玉的一种。天然红宝石大多来自亚洲(缅甸、泰国和斯里兰卡)、非洲和澳大利亚，美国蒙大拿州和南卡罗莱那州也有一点。天然红宝石非常少见珍贵，但是人造并非太难，所以工业用红宝石都是人造的。

红宝石的矿物名称为刚玉。红宝石的英文名称为Ruby，意思是红色。

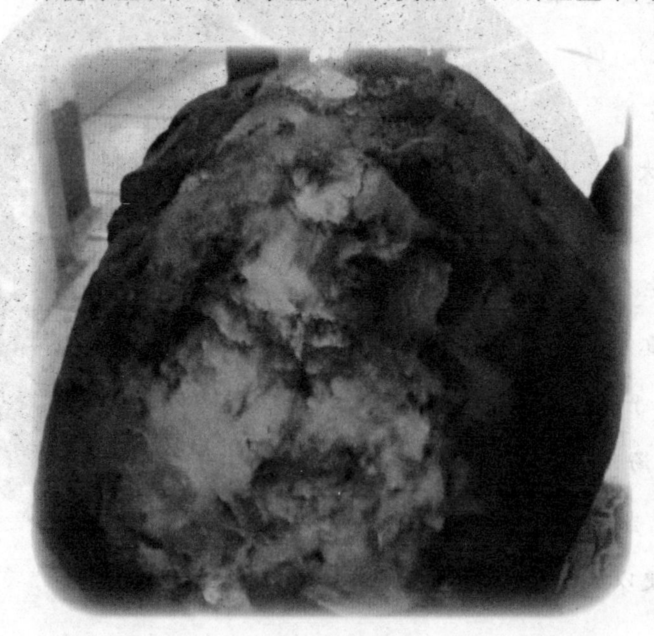

◆祖母绿

◆红宝石

红宝石因含微量元素铬（Cr^{3+}）而成红至粉红色，属三方晶系。晶体形态常呈桶状、短柱状、板状等。集合体多为粒状或致密块状。透明至半透明，玻璃光泽。折光率1.76～1.77，双折射率0.008～0.010。二色性明显，非均质体。有时具有特殊的光学效应和星光效应，在光线的照射下会反射出迷人的六射星光，俗称“六道线”，密度3.95～4.10克/立方厘米。红宝石无解理，裂理发育，在长、短波紫外线照射下发红色及暗红色荧光。

红宝石质地坚硬，硬度仅在金刚石之下，为9。其颜色鲜红、美艳，可以称得上是“红色宝石之冠”。瑰丽、华贵的红宝石是宝石之王，是宝中之宝，其优点超过所有的宝石。有的古书中认为红宝石是“上帝创造万物时所创造的十二种宝石中最珍贵的。”

红宝石炙热的红色使人们总把它和热情、爱情联系在一起，被誉为“爱情之石”，象征着热情似火，爱情的美好、永恒和坚贞。红宝石是七月的生辰石。不同色泽的红宝石，来自不同的国度，却同

样意味着一份吉祥。红色永远是美的使者，红宝石更是将祝愿送予他人的最佳向导。红宝石的红色之中，最具价值的是颜色最浓、被称为“鸽血红”的宝石。这种鲜艳、强烈的深红色，更把红宝石的真面目表露得一览无余。大部分红宝石颜色都是呈淡红色，并且有粉红的感觉，因此带有鸽血色调的红宝石就更显得有价值。

◆镁铝榴石
◆红色碧玺
◆红色绿柱石

传说佩戴红宝石的人将会健康长寿、爱情美满、家庭和谐。相传以前缅甸的武士在身上割开一个小口，将一粒红宝石嵌入口内，他们认为这样可以达到刀枪不入的目的。

与红宝石相似的天然红色宝石有红色尖晶石、红色碧玺、红色绿柱石、镁铝榴石、浅红色黄玉。相似的人造宝石有合成红宝石和红色玻璃。其主要特点如下：红色尖晶石颜色均匀，呈大红、正红色，晶形为八面形，均质体，偏光器下黑暗。红色碧玺呈粉红色，长柱状晶形，硬度、密度、折光率均低于红宝石。红色绿柱石呈红色，六方柱状晶形，非均质体，硬度、密度均低于红宝石。合成红宝石红色均匀，内部缺陷少，无暇，包体少，紫外线下荧光较天然红宝石强。

世界上最大的红宝石

世界上最大的星光红宝石是印度拉贾拉那星光红宝石。该宝石重达2457克拉，具有六射星光，圆顶平底琢型。1991年，我国山东省昌乐县发现一颗红、蓝宝石连生体，重量67.5克拉，被称为“鸳鸯宝石”，称得上是世界罕见的奇迹。国际宝石市场上把鲜红色的红宝石称为“男性红宝石”，把淡红色的称为“女性红宝石”。缅甸曼德勒市东北部的抹谷（Mogok）附近地区是优质红宝石的主要产区。

卡门·露西亚红宝石收藏在斯密逊博物馆（美国国家自然历史博物馆），是目前展出的最大的优质刻面红宝石。它重达23.1克拉，是一颗无与伦比的宝石，卡门·露西亚30年代

来源于缅甸，后来颠沛辗转于欧洲，20世纪80年代被美国一位宝石收藏家收购。

◆红宝石

红宝石象征着爱情，这颗天下无双的红宝石里也饱含着一段令人荡气回肠的爱情。2004年，美国富翁皮特·巴克以其妻子卡门·露西亚·巴克的名义将其捐赠给斯密逊博物馆。卡门·露西亚出生于巴西，在美国留学时邂逅了皮特·巴克，1978年与皮特·巴克结婚。

（2）蓝宝石

蓝宝石的英文名称为Sapphire，意思是蓝色。属于刚玉族矿物，属三方晶系。宝石界将红宝石之外的各色宝石级刚玉都称为蓝宝石。

蓝宝石因含微量元素钛（Ti^{4+}）或铁（Fe^{2+}）而呈蓝色。晶体形态常呈筒状、短柱状、板状等，几何体多为粒状或致密块状。透明至半透明，玻璃光泽。折光率1.76～1.77，双折射率0.008，

◆星光蓝宝石

二色性强，非均质体。有时具有特殊的光学效应。其硬度为9，密度3.95～4.1克/立方厘米，无解理，裂理发育。在一定的条件下，可以产生美丽的六射星光，被称为“星光蓝宝石”。

星光蓝宝石也称星彩蓝宝石，多数是不透明至半透明。宝石中的丝绢包裹体（细长的针状金红石晶体）是产生六射星光的原因。星光蓝宝石因其艳丽的星光色彩而被称为“命运之石”，三束星光代表忠诚、希望与博爱。我国在新疆天山地区发掘出一种稀有的天然蓝宝石具有变色效应，在日光下呈紫色，在灯光下呈黄色，属天然蓝宝石的新品种，也是蓝宝石的最佳品质之一。缅甸曼德勒市东北部的抹谷（Mogok）附近地区是优质蓝宝石的主要产区。我国山东省昌乐地区的蓝宝石在储量和质量方面均居国内首位。

蓝宝石是色美、透明的宝石级刚玉，西班牙名称是Zafiro，它是美国国石。

蓝宝石以其晶莹剔透的美丽颜色，被古代人们蒙上神秘的超自然的色彩，被视为吉祥之物。早在古埃及、古希腊和古罗马，被用来装饰清真寺、教堂和寺院，并作为宗

◆星光蓝宝石

教仪式的贡品。它也曾与钻石、珍珠一起成为英帝国国王、俄国沙皇皇冠上和礼服上不可缺少的饰物。自从近百年宝石进入民间以来，蓝宝石跻身于世界五大珍辰石之列，是人们珍爱的宝石品。世界宝石学界定蓝宝石为九月的生辰石。日本人选其作为结婚23周年（蓝宝石）、26周年（星光蓝宝石）的珍贵纪念品。

蓝宝石可以分为蓝色蓝宝石和艳色（非蓝色）蓝宝石。颜色以印度产“矢车菊蓝”为最佳。据说蓝宝石能保护国王和君主免受伤害，有“帝王石”之称。国际宝石界把蓝宝石定为“九月诞生石”，象征慈爱、忠诚和坚贞。蓝宝石是世界五大珍贵高档宝石之一。

与蓝宝石相似的蓝色宝石有蓝色尖晶石、蓝色碧玺、蓝锆石、蓝锥矿、蓝晶石、堇青石等。蓝色尖晶石颜色均一，微带灰色，晶体呈八面体，均质体，无二色性。蓝色碧玺颜色为带绿蓝色，晶体为复三方柱状，硬度、密度、折光率都较

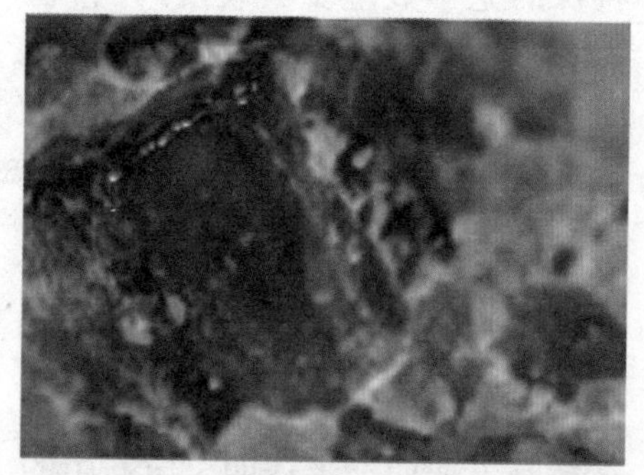

◆堇青石

◆蓝色碧玺

蓝宝石低，二色性极明显，双折射率大。蓝锆石经加热处理，颜色鲜艳，色散强，双折射率高。与蓝宝石相似的合成宝石有合成蓝宝石、合成尖晶石、含钴蓝玻璃。合成蓝宝石颜色均一，洁净，包裹体稀少，有圆气泡，均质体。

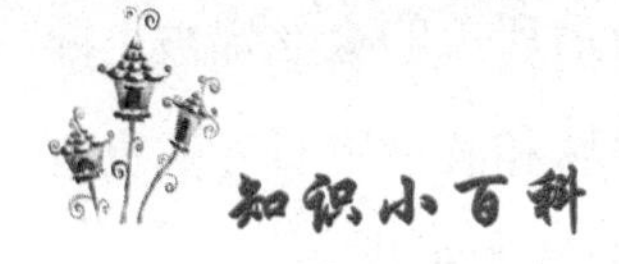

世界上最大的蓝宝石

蓝宝石象征忠诚、坚贞、慈爱和诚实，星光蓝宝又被称为“命运之石”，会给佩戴者带来好运。因而，蓝宝石一直以来都是珠宝制作过程中的常见宝石。2010年1月，世界最大的蓝宝石珠宝“昆士兰黑星”终与世人见面。

世界上最大的蓝宝石“昆士兰黑星”，重733克拉，1948年发现于澳大利亚昆士兰，为迄今世界上最大的颗粒星光蓝宝石。该宝石被洛杉矶珠宝商Harry Kazanjian所收购。

◆昆士兰黑星

（3）祖母绿

祖母绿被称为绿宝石之王，是相当贵重的宝石（五月的诞生石），国际珠宝界公认的名贵宝石之一。因其特有的绿色和独特的魅力以及神奇的传说，深受西方人的青睐，近来，也愈来愈受到中国人的喜爱。

祖母绿英文为emeralde，源自波斯语zumurud（绿宝石），后演化成拉丁语smaragdus，又讹传为esmeraude、emeraude，最

◆吕宋绿

后成为目前的英文拼写形式。汉语为音译。陶宗仪在其《辍耕录》中音译为“助木刺”。我国旧时尚有“子母绿”“助水绿”等叫法。香港称其为“吕宋绿”。

祖母绿自古就是珍贵宝石之一。相传，距今6000年前，古巴比伦就有人将之献于女神像前。在波斯湾的古迦勒底国，女人特别喜爱祖母绿饰品。几千年前的古埃及和古希腊人也喜用祖母绿做首饰。中国人对祖母绿也十分喜爱。明、清两代帝王尤喜祖母绿。明朝皇帝把它视为同金绿猫眼一样珍贵，有“礼冠需猫睛、祖母绿”之说。明万历帝的玉带上镶有一特大祖母绿，现藏于明十三陵定陵博物馆。慈禧太后死后所盖的金丝锦被上除镶有大量珍珠和其它宝石外，也有两块各重约5钱的祖母绿。

◆祖母绿

祖母绿的颜色十分诱人，有人用菠菜绿、葱心绿、嫩树芽绿来形容它，但都无法准确表达它的颜色。它的绿中带点黄，又似乎带点蓝，就连光谱都好象缺失了点波长。然而，没有一种天然颜色令人的眼睛如此舒服。每当你目不转睛地注视嫩绿的草坪和树叶的时候，那种赏心悦目的感觉可以想象，但与祖母绿的色泽相比就显得逊色了。它是能使人百看不厌的宝石之一。无论阴天还是晴天，无论人工光源还是自然光源下，它总是发出柔和而浓艳的光芒。这就是绿色宝石之王——祖母绿的魅力所在。

现在，祖母绿是5月生辰石，象征着幸运、幸福，佩戴它会给人

◆绿柱石

适量的Cr_2O_3(0.15%～0.6%)，而形成祖母绿。它是绿柱石家族中最出色的成员。

（4）欧泊

欧泊是世上最美丽和最珍贵的宝石之一，世界上95%的欧泊出产在澳大利亚。欧泊的英文为Opal，源于拉丁文Opalus，意思是“集宝石之美于一身”。欧泊是硅分子和水的混合体。根据欧泊胚体色调的显示，它可以分为无色、白色、浅灰、深灰一直到黑色。不

带来一生的平安。它也是结婚55周年的纪念石。

祖母绿是宝石级的绿色绿柱石。其绿色要达到中等浓艳的绿色调，就是颜色的浓度要比较饱和。浅淡绿色的通常称之为绿色绿柱石。

绿柱石是自然界产出的，具有六方对称的铍铝硅酸盐矿物。因含

◆铍铝硅酸盐

◆欧 泊

同于其它宝石的是，欧泊所具有迷人的色彩是根据随机的“变色游戏”来呈现光谱中各种色彩的。

欧泊是凝胶状或液体的硅石留入地层裂缝和洞穴中沉积凝固成无定形的非晶体宝石矿，其中也包含动植物残留物，例如树木、甲壳和骨头等。在高等级5欧泊中的含水率可高达到10%。通常欧泊的折射率范围为1.38～1.60，莫氏硬度范围为5.5～6.5。

古罗马自然科学家普林尼曾说：“在一块欧泊石上，你可以看到红宝石的火焰，紫水晶般的色斑，祖母绿般的绿海，五彩缤纷，浑然一体，美不胜收。”

在欧洲，欧泊早在罗马帝国时代就为人所知，而且价值极高。据普林尼记载，元老院的元老诺尼有一块非常漂亮的欧泊，他非常喜爱，当时的统治者安东尼让他献出来，否则将流放他。结果诺尼宁可选择去流放也不肯把欧泊献给安东尼。

好的欧泊石产生火焰般闪烁的外表，这样的外表只在极少数的物质中发现过，而在其它宝石

◆欧 泊

◆普莱修斯欧泊

◆德博莱欧泊

中则没有发现过，并且在古时候就引起人们的兴趣，使人陶醉。这种由光的衍射造成的火焰般显现的现象，被称为变彩。这是欧泊石的鉴定特征，也是它作为宝石的主要魅力所在。

欧泊在生辰石中被列为十月生辰石。

人们通常将天然欧泊分为两大类："普莱修斯欧泊"和"普通欧泊"。普莱修斯欧泊色泽明亮、能呈现出充分的变色游戏，比较稀有和珍贵。色泽暗淡、不能呈现变色游戏的称为普通欧泊，普通欧泊在世界各地都有发现和少量出产。

在欧泊矿区开采出来的欧泊中，95%都是普通欧泊，一般只有白的、灰的或者黑的一种颜色。它们只适合做"德博莱欧泊"和"翠博莱欧泊"的背景衬石。剩下的5%中是有一些色彩的等级欧泊，不过其中的95%也只是普通的等级。也就是说，开采量中只有大约只有0.25%才可以称做真正有价

◆碧 玺

值的欧泊。

（5）碧玺

碧玺又称为电气石，英文名称Tourmaline，是从古僧伽罗(锡兰)语Turmali一词衍生而来的，意思为“混合宝石”。碧玺呈柱状、三方柱、六方柱、三方单锥，集合体呈放射状、束状、棒状。

由于碧玺的颜色多种鲜艳，所以可以很轻易的使人有一种开心喜悦及崇尚自由的感觉，并且可以开拓人们的心胸及视野。

碧玺也可以激发创意，带来无限的灵感及思绪，并且冷静、清晰、及集中的力量，更可以使人行事妥当，全力以赴，并且可以放射出吸引爱情及友情的频率。

碧玺还可以放射出亲和力磁场，对于有领袖气质的人，自然可吸引更多的人，并且可融化人与人之间的隔阂。

◆碧 玺

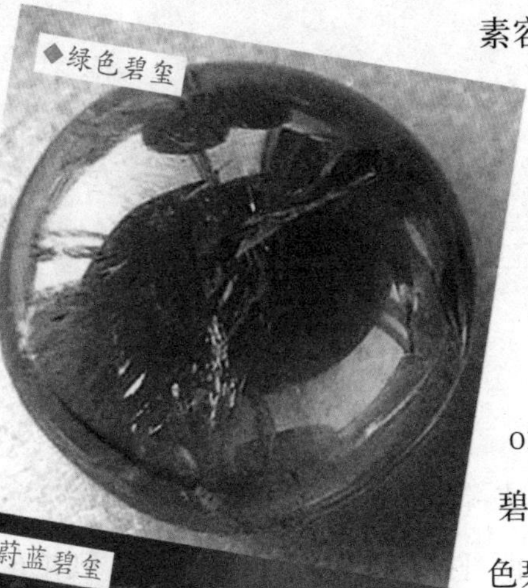

可平衡内部气场，可使阴阳相反元素容易结合及融合，也可在对外化解人际间的各种冲突及矛盾。

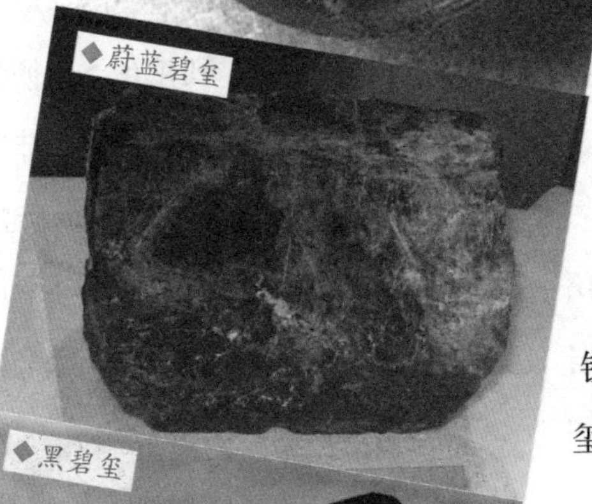

◆绿色碧玺

◆蔚蓝碧玺

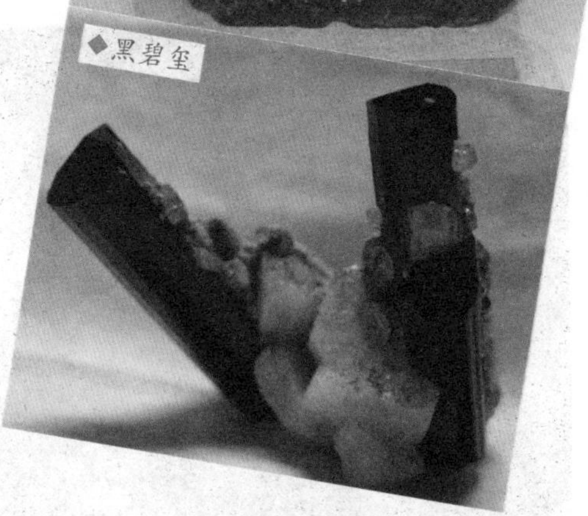

◆黑碧玺

对宝石而言，碧玺是族群的名称，但若以GIA（Gemological Institute of American）的分类下，碧玺可分为：红色碧玺、绿色碧玺、蔚蓝碧玺、黑碧玺、紫碧玺、无色碧玺、双色碧玺、西瓜碧玺、猫眼碧玺、钠镁碧玺、亚历山大变色碧玺、钙锂碧玺、含铬碧玺和帕拉依巴碧玺等十四种。

具有宝石级价值的碧玺几乎都产自伟晶花岗岩，碧玺的产地分布很广，但现在市面上的碧玺大多来自巴西，其他还有坦桑尼亚、肯尼亚、马达加斯加、莫三鼻克、纳米比亚、阿富汗、巴基斯坦、斯里兰卡、意大利、美国加州与缅甸，中国的新疆与云南也有少量。

碧玺本身对于新陈代谢及内分泌线体活动可产生高度作用，并且

◎玉　石

(1) 玉石的概念

玉的英文名称为Jade，来源于西班牙侵略者，他们把由墨西哥掠夺来的玉起名为Pieda be ijade，玉(ijade)是词的最后一个字。

中国最著名的玉石是新疆和田玉，它和河南独山玉，辽宁的岫岩玉和湖北的绿松石，称为中国的四大玉石。

玉之润可消除浮躁之心，玉之色可愉悦烦闷之心，玉之纯可净化污浊之心。所以君子爱玉，希望在玉身上寻到天然之灵气。

玉乃石之美者，色阳性润质纯为上品。其价值高低并不完全取决于成份，翡翠白玉中不值钱的为多数。

玉石有软、硬两种，平常说的玉多指软玉，硬玉另有一个流行的名字——翡翠。软玉，是含水的钙镁硅酸盐，硬度6.5，韧性极佳，半透明到不透明，纤维状晶体集合体。硬玉，为钠铝硅酸盐，硬度6.5～7，半透明到不透明，粒状到纤维状集合体，致密

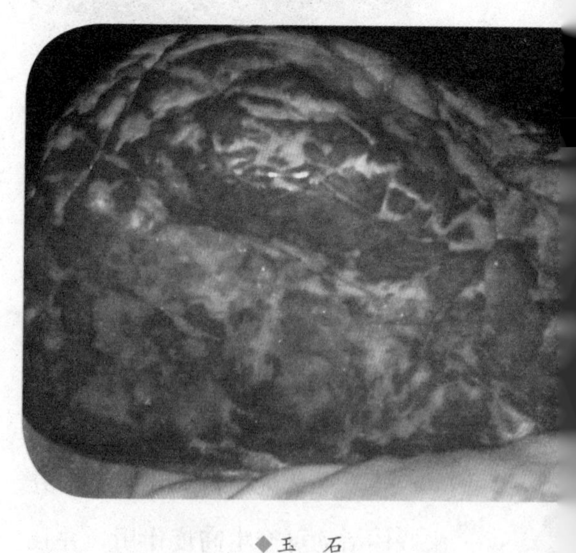

◆玉　石

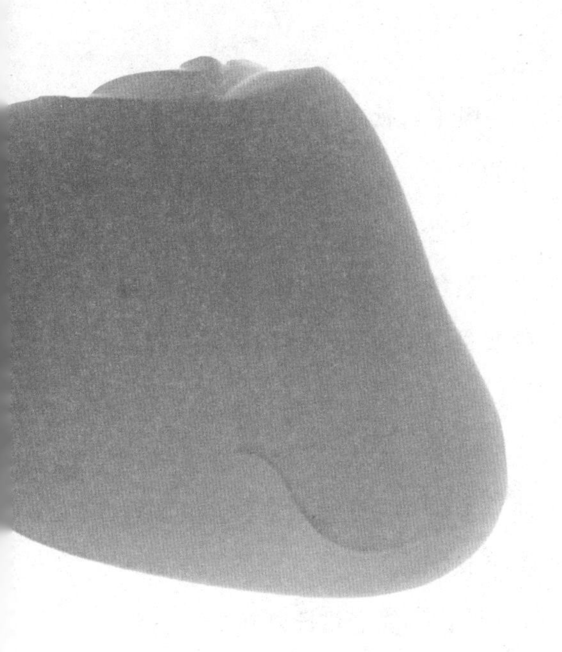
◆白　玉

（绿），绿色为最佳。三色翡翠的也称为“桃园结义”或者“福禄寿”。

（2）玉石的评价标准

①软玉

颜色：白色最佳，羊脂玉为最佳。其它各色也有佳品。黄玉紫玉色浓的好，墨玉墨点多的好。玉颜色内蕴通透的好。

种类：和田玉最佳，其它玉种也有佳品。

块状。两种玉外型很相似，硬玉的比重（3.25～3.4）大于软玉（2.9～3.1）。

软玉主要有白玉，黄玉，紫玉，墨玉，碧玉，青玉，红玉等等。其中黄玉色如鸡油的是佳品，紫玉颜色通常为淡粉，墨玉实为碧玉上多黑点的玉，青玉实为暗淡发青的白玉。通常白玉最佳。

硬玉即翡翠，颜色有白、紫、绿。可称为冰地儿（白）或青地儿

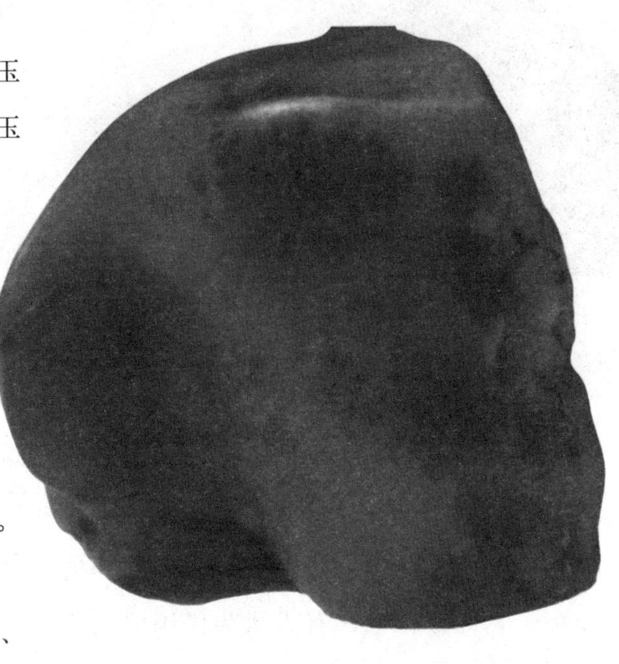
◆黄　玉

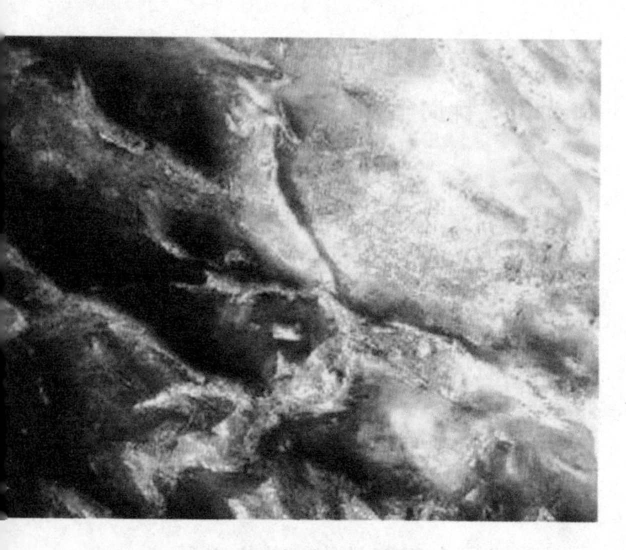
◆硬 玉

◆翡 翠

历史：古玉最佳。关于古玉的划分标准，有人认为民国时的玉为古玉，有人认为汉以前的玉为古玉。

雕工：软玉硬玉不同是注重雕工的。

②硬玉

颜色：绿色最好，最好的绿色翡翠是祖母绿（只指绿色黄色的）。

种类：最好的翡翠是“玻璃种”又称“灵地儿翡翠”，其通透程度十分高。

坑：一般老坑比新坑好，籽料比山料和半山料好，半山料比山料好。

大小：越大越好，现在大块的翡翠极为少见。

③评价软玉硬玉的异同

软玉比硬玉更注重历史、雕工等内在的韵味。同样的一块玉（软玉），如果是古玉（软玉）价值会高出许多。

硬玉比软玉更注重颜色、大小。一块新玉（翡翠）如果质地很好，比一块古玉（翡翠）价值更高。

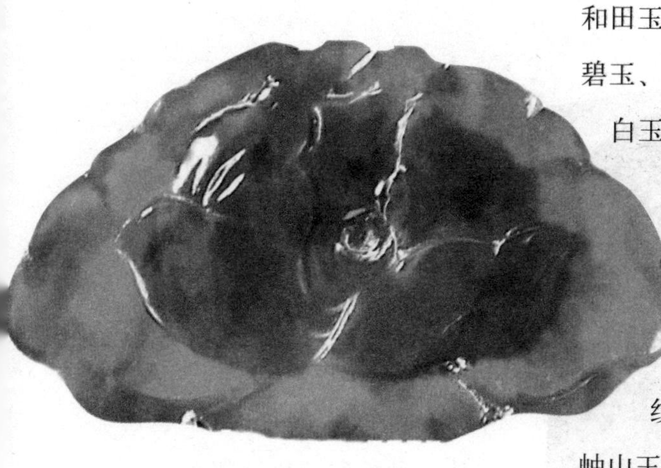

◆翡 翠

两者都注重“水头”，但软玉“内蕴”，翡翠“外张”。在灯光下，软玉色泽是灰暗的，翡翠却很耀眼。当然，其寓意也不相同。

（3）主要玉石

①新疆和田玉

和田玉由角闪石族阳起石构成，是中国古玉的主要来源。和田玉产于昆仑山麓及河床中，以和田区为主。其玉质坚硬细腻，产于高山的矿料为山玉，产自河床的为籽料。和田玉按色彩分为：白玉、黄玉、碧玉、墨玉、青玉、糖玉等，上等白玉纯洁无瑕，称为羊脂玉。

②岫山玉

岫山玉因产于辽宁省岫岩县而得名。其主要成分是豆绿色纤维蛇皮纹石，其性软而硬度较低。岫山玉颜色较多，有淡绿、淡黄、果绿等、还呈半透明或不透明，表面有脂肪般的光泽。岫山玉是我国分布利用较早的玉材，因其产量大而为现今数量最多的玉材。

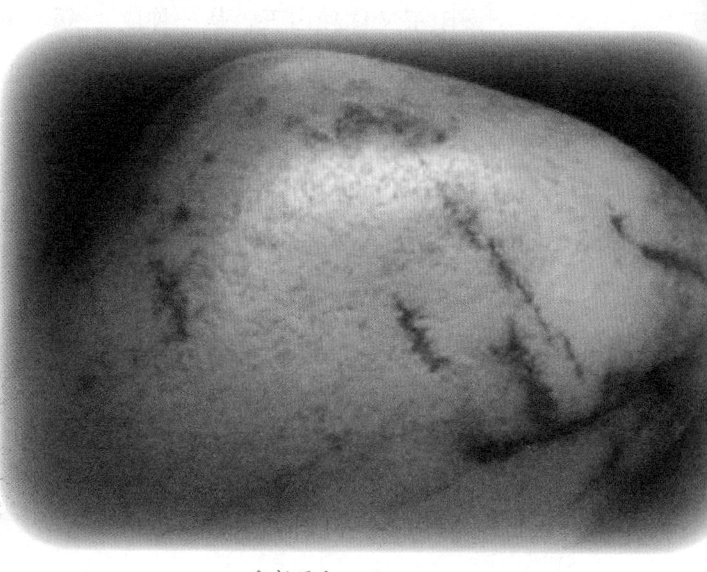

◆新疆和田玉

史。

◆黝帘石

③南阳玉

南阳玉又称独山玉，是一种成分复杂多种矿物的玉石，质硬细腻，主要成分为斜长石，以及黝帘石、绿帘石、闪角石、透辉石等，以绿、紫、白三色为基础，常呈多种颜色，玉工依其天然色雕琢不同的物品，适用于“俏色”工艺。南阳玉有着悠久的开采和使用历史。

④蓝田玉

蓝田玉产于陕西省西安市蓝田县，自古蓝田以产玉著称。唐朝就有“蓝田日暖玉生烟”的诗句。后来因为旧矿竭尽而停采。现在，蓝田所采玉石是一种蛇纹石化透辉石，不透明，呈黄绿、墨绿、翠绿等。

⑤密县玉

密县玉产于河南新密西助泉寺，是一种沉淀变质的石英岩，硬度较低，颜色有绿、绛红、白、黄

◆透辉石

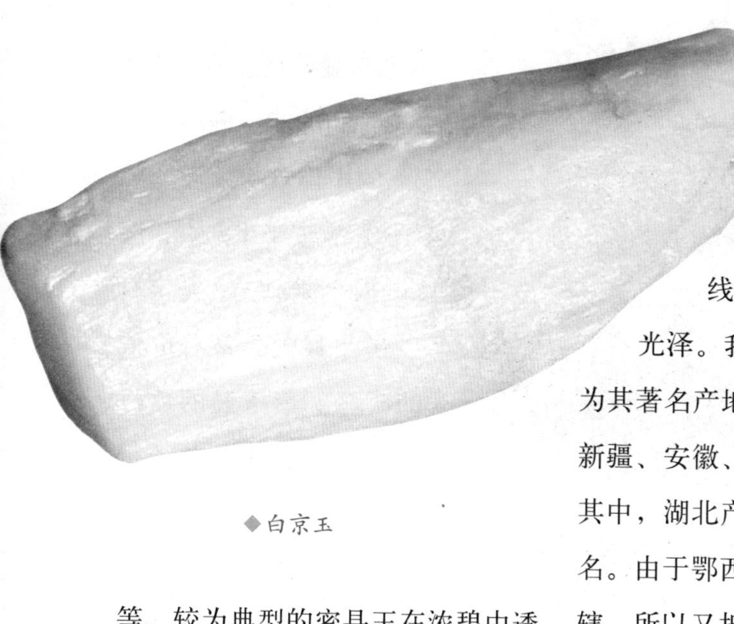
◆白京玉

等。较为典型的密县玉在浓碧中透出黑色小点，琢磨后表面有闪烁的玻璃光泽。

⑥京白玉

京白玉产于北京门头沟，是一种洁白臻密的石英岩。京白玉不同于其他玉材的纤维交织结构，而呈粒状结构。其性脆，抛光的表面似羊脂玉。

⑦绿松石

在新石器时代，绿松石就同青玉、玛瑙等玉石一起用作装饰品，古有“荆州石”或“襄阳甸子”之称。绿松石为铜的氧化物隐晶质块体或结核体，深浅不同的蓝、绿等颜色，常含有铁线，硬度为5～6，蜡状光泽。我国绿松石，除鄂西北为其著名产地外，近几年在陕西、新疆、安徽、河南等省都有发现，其中，湖北产优质绿松石，中外著名。由于鄂西北诸县古属襄阳道管辖，所以又把鄂西北诸县所产的绿松石称为襄阳甸子，且开采的历史也悠久。但全世界产绿松石的以波斯为最著名，因通过土耳其输入欧洲各国，又有“土耳其玉”或“突厥玉”之称。

⑧红山玉

在内蒙古红山文化圈内，中华第一龙的故乡发现极品玉矿，该矿出的玉称为红山玉，其摩氏硬度6.5，折光率1.54，密度2.7，隐晶质集合体，半透明，介于玻璃光泽和油脂光泽之间，块度大，细

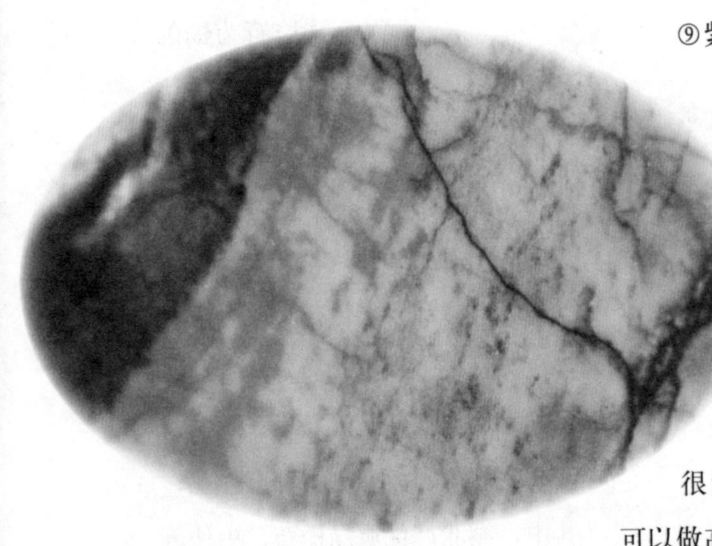
◆独山玉

腻，润度好，色泽多样，绝巧料丰富，从色泽和润性看非常像和田玉，还有像寿山石的。综合分析红山玉仅次于和田玉，但比中档的和田玉好，比青海白玉、独山玉、蓝田玉、岫玉等玉好。成份接近玉髓但不是玻璃光泽，属玉质光泽，所以是种新玉料。红山玉矿脉属石英脉线，是地质学里比较稳定的矿脉。很有可能在开采过程中出现巨大的玉料。

⑨紫玉髓

紫玉髓矿是继美国亚利桑那州的紫玉髓矿之后的中国首次发现，矿脉宽度半米左右，深度80米以上，是宝石矿中最大、最有价值的矿脉。紫玉髓的色泽很紫，远高于紫水晶色泽，可以做高档的成套首饰，

中华民族有着浓厚的爱玉、尚玉文化传统，中国的琢玉艺术历经

◆紫玉髓

八千年，绵延持续，日久而弥新。

在中国古代，玉是沟通天地、祭祀鬼神先祖的社稷重器；是权势和地位的物质表现；是死者保尸防腐的殓葬用具；也是士人君子洁身明志，标榜自身、追求美好情操的人格象征。

悠长的玉器发展史，造就了无数的名师巧匠。他们将自己的智慧与创造，托之于玉之天然美质。创造出一个自然与人文完美的结合的玲珑剔透的大千世界。

中国“四大名玉”

（1）和田玉，主要分布于新疆莎车——塔什库尔干、和田——于阗、且末县绵延1500千米的昆仑山脉北坡，共有9个产地。和田玉的矿物组成以透闪石——阳起石为主，并含有微量的透辉石、蛇纹石、石墨、磁铁等矿物质，形成白色、青绿色、黑色、黄色等不同色泽，多数为单色玉，少数有杂色。玉质为半透明，抛光后呈脂状光泽，硬度在5.5度至6.5度之间。

（2）岫岩玉，产于中国辽宁省岫岩，岫岩县是一个山清水秀、物产丰富、藏风聚气的风水宝地。经过千万年的自然演化，凝聚了千万年的日月山川

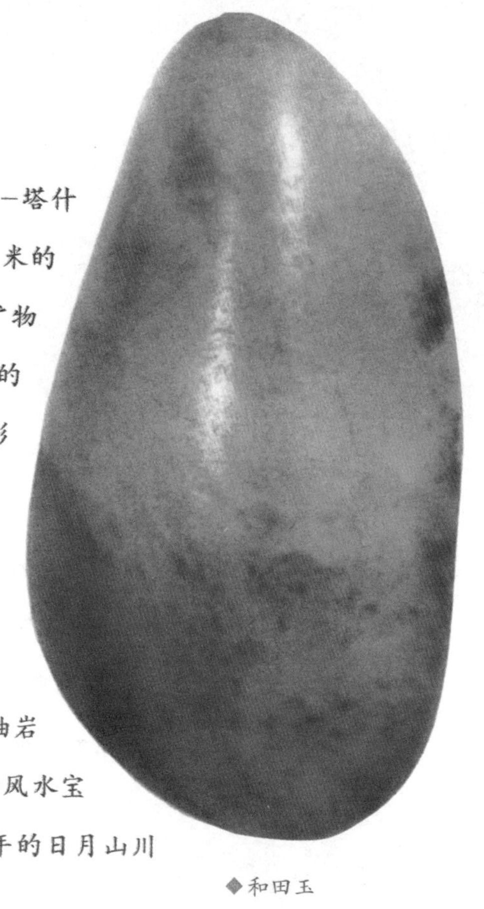
◆和田玉

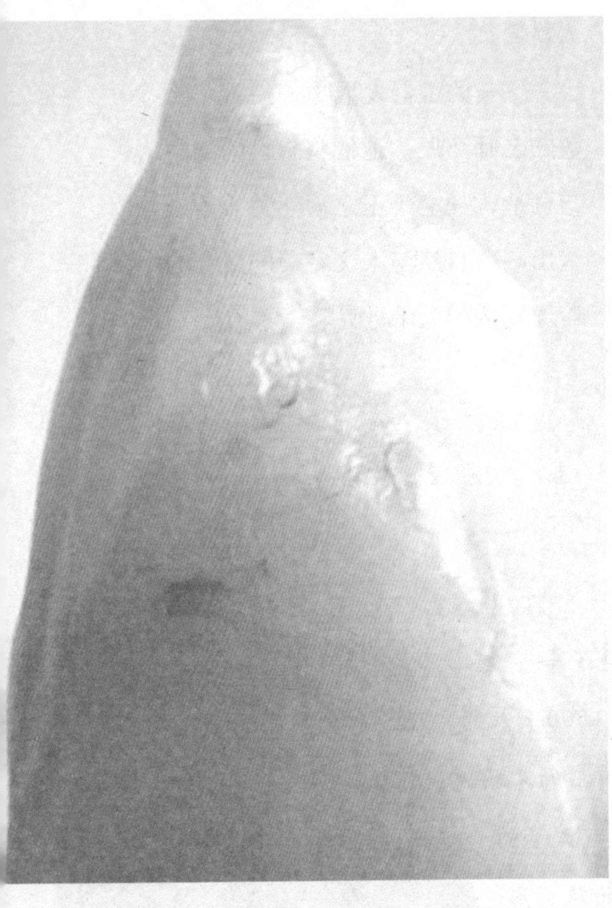

◆南阳玉

之精华，从而蕴育产生了闻名于世的国宝珍品——岫岩玉。

（3）独山玉，又称“南阳玉”或“南玉”，产于南阳市城区北边的独山，为全国四大名玉之一。早在6000年以前，古人已开采独山玉，安阳殷墟妇好墓出土的玉器中，有不少独山玉的制品。西汉时曾称独山为“玉山”。独山玉质坚韧微密，细腻柔润，光泽透明，色泽斑驳陆离，有绿、白、黄、紫、红、白6种色素77个色彩类型，是玉雕的一等原料。

（4）绿松石，又名绿宝石，因其色、形似碧绿的松果而得名，是世界上稀有的贵宝石品种之一，绿松石制品现已成为重要的收藏品，是一种次生矿物，由含铜、铝、磷的地下水在早期花岗岩石中淋滤而成。在近地表的矿脉中沉淀形成结核，被岩脉的基质所包裹。绿松石是最早用作饰物的矿物品种。1900年，埃及的一座古墓中出土了4只绿松石包金的手镯。

◎水　晶

（1）水晶简介

水晶(Quartz Crystal)是一种无色透明的大型石英结晶体矿物。它的主要化学成份是二氧化硅。水晶呈无色、紫色、黄色、绿色及烟色等，玻璃光泽，透明至半透明，

◆水　晶

硬度7，性脆，无解理，水晶密度2.56～2.66克/立方厘米。水晶的折射率为1.544～1.553，几乎不超出此范围。水晶色散为0.013，熔点为1713℃。

Crystal既包含无色透明的玻璃（K9类，普通玻璃发蓝），也包含天然的水晶矿石。因此，为了便于区分，国际上通常以Rockcrystal来特指天然水晶，别名晶石、水晶石、水玉。

发育良好的石英单晶为六方锥体，所以通常为块状或粒状集合体，纯净透明的石英晶称水晶，一般为白，灰白，乳白色，含杂质时呈现紫、红、烟、茶等色，晶面玻璃光泽，断口或集合体，油脂光泽，无劈开断口，贝壳状，硬度7，比重2.65。

（2）水晶的结构形态

1824年，一位叫弗里希·摩斯的奥地利矿物学家，从许多矿物中抽出10个品种，经过科学实验测出它们的相对硬度，由此得出水晶硬度为摩氏7。尽管后来美国国家标准局使用、推广更科学的诺普硬度测试器，但世界上许多国家的珠宝商，仍习惯于摩氏硬度表。

结晶完美的水晶晶体属三方

晶系，常呈六棱柱状，柱体为一头尖或两头尖，多条长柱体连结在一块，通称晶簇，美丽而壮观。二氧化硅结晶不完整，形状可谓是千姿百态。当你到中国水晶城去瞧一瞧，可以大开眼界，除了常见的长柱状外，还有似宝剑形，有的若板状，有的如短柱形，有的像双锥，有的小如手指，有的大如巨石；有的不足半两，有的重达300多千克。毛泽东主席的水晶棺就是选用优质的天然东海水晶做原料，目前最大的一块水晶也出自连云港东海县。

◆晶　簇

水晶有的是贝壳状断口，也有好的平等脊的人字形断口。紫水晶具有清楚的二色性，黄水晶和茶水晶具有弱的二色性。发光水晶具有强烈的磷光性。带绿色的砂金水晶在长、短波紫外线照射下发灰绿色荧光，具有猫眼、虹彩和砂金效应。

水晶晶体呈棱柱状并带六边形锥，柱面有横纹，紫水晶中常有角状色带。在自然界中，水晶常呈晶簇产出，造型美观。在紫晶和热处理的黄晶中，多呈不平坦到薄片状破口。水晶比重2.56～2.66克/立方厘米。这意味着一定体积水晶的重量，是相同体积水的重量的2.56～2.66倍，块状变种水晶密度可能稍高些。

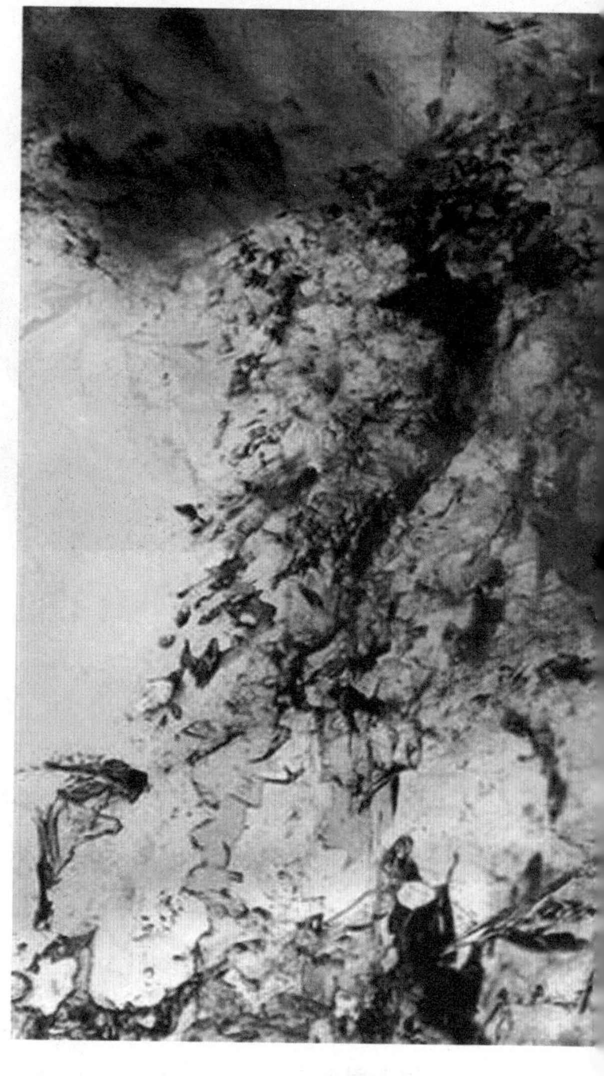

◆紫水晶

水晶条痕无色，透明度与透过它的光的质与量有关。其透明标准为：光线透明过厚度为1厘米以上的水晶碎片或薄片时，可以清晰地看到映出的图像。如果底像不够清楚，仅见轮廓，那便是半透明。水晶呈玻璃光泽。水晶折射率1.544～1.553，几乎不超出此范围，重折射率0.009（最大），此值非常稳定，光性特征是一轴晶正光性，色散0.013。色散是说宝石的折射率随照明光的不同而有一定的变化。例如钻石对红光折射为2.405；对绿光为2.427；紫光为2.449。水晶受热易碎，将水晶放在喷焰器的烈焰燃烤，除非有很好的保护，且慢慢冷却，否则晶体容

◆玛　瑙

◆石英岩

易碎裂。

（3）水晶的性质

①化学性质

水晶跟普通砂子是“同出娘胎”的一种物质。当二氧化硅结晶完美时就是水晶；二氧化硅胶化脱水后就是玛瑙；二氧化硅含水的胶体凝固后就成为蛋白石；二氧化硅晶粒小于几微米时，就组成玉髓、燧石、次生石英岩。

纯净的无色透明的水晶是石英的变种。化学成分中含硅46.7%，氧53.3%。由于含有不同的混入物或机械混入的而呈多种颜色。紫色和绿色是由铁(Fe^{2+})离子致色，紫色也可由钛(Ti^{4+})所致，其他颜色由色心所致色。在水晶中含有砂状、碎片状针铁矿、赤铁矿、金红石、磁铁矿、石榴石、绿泥石等包裹体；发晶中则含有肉眼可见的似头发状的针状矿物的包裹体形成。含锰和铁者称紫水晶；含铁者（呈金黄色或柠檬色）称黄水晶；含锰和钛呈玫瑰色者称蔷薇石英，即粉

◆蔷薇石英

水晶；烟色者称烟水晶；褐色者称茶晶；黑色透明者称为墨晶。

②物理性质

解理：无。解理是指矿物被打击时，沿一定方向有规则地裂开形成光滑平面的性质。根据解理的程度可以分为五类：极完全解理、完全解理、中等解理、不完全解理和无解理，水晶属于无解理。

硬度：为摩氏硬度7，相当于钢锉一般坚硬。

比重：水晶比重为2.56～2.66克/立方厘米。同体积的水晶重量是同体积水的重量的2.56～2.66倍，块状变种水晶密度可能稍高些。

断口：贝壳状。断口也叫破口。它是指矿物被打击后产生不规则的破裂，破裂面凹凸不平称为断口。根据断口的形状可分为：贝壳状和锯齿状。

水晶的熔点：水晶的熔点为1713℃。

◆墨 晶

之比值。

光泽：玻璃光泽。光泽是指矿物表面对光的反射能力。观察水晶的光泽，可用手握着它，以灯光或窗户投射进来的光线看表面反射，透明水晶亮度与光泽强弱有关。

◆玻璃光泽

透明度：透明、半透明。矿物透光的程度叫透明度。水晶的透明标准为：光线透过厚度为1厘米以上的水晶碎片或薄片时，可以清晰地看到映出的图象。如底像不够清楚，仅见轮廓，那便是半透明。

条痕：无色。矿物粉末的颜色叫条痕。它可以消除假色，减弱他色，保留自色，是比矿物的颜色更为可靠的鉴定特征之一。

折射率：水晶的折射率为1.544～1.553，几乎不超出此范围。折射率是指当光线由空气中透入宝石晶体，产生折射现象，其入射角正弦与折射角的正弦

◎翡　翠

（1）翡翠简介

翡翠，也称翡翠玉、翠玉、硬玉、缅甸玉，是玉的一种，颜色呈翠绿色（称之翠）或红色（称之翡），是在地质作用过程中形成的主要由硬玉、绿辉石和钠铬辉石组成的达到玉级的多晶集合体。

翡翠（Jade）习惯上也称为缅

◆绿辉石

甸玉，是缅甸出产的硬玉，日本、苏联、墨西哥、美国加州等地也有少量产出硬玉(Jadeite)，但其质量与产量远远不如缅甸联邦。

翡翠的名称来自鸟名，这种鸟的羽毛非常鲜艳，雄性的羽毛呈红色，名翡鸟，雌性的羽毛呈绿色，名翠鸟，合称翡翠，所以，行业内有翡为母，翠为公说法。明朝时，缅甸玉传入中国后，就冠以“翡翠”之名。

◆蓝闪石

翡翠属辉石类，单斜晶系，完全解理。翡翠的主要组成物为硅酸铝钠（宝石矿中含有超过50%以上的硅酸铝钠才被视为翡翠），出产于低温高压下生成的变质岩层中。往往伴生在蓝闪石、白云母、硬柱石（二水钙长石）、霰石和石英。莫氏硬度在6.5～7之间，比重在3.25～3.35之间，熔点介于900℃～1000℃之间。

◆白云母

从广义上讲翡翠是指具有商业价值，达到宝石级硬玉岩的商业名称，是各种颜色宝石级硬玉岩的总

◆硬柱石

称。狭义的翡翠概念石单指那些绿色的宝石级硬玉岩。地质学称翡翠为以硬玉矿物为主的辉石类矿物组成的纤维状集合体，并主要是以Cr（铬）为致色元素的硬玉岩。达到宝石级的翡翠单从组分上讲，非常接近硬玉的理论值。翡代表红色，翠代表绿色。是一种最珍贵、价值最高的玉石，被称为“玉石之冠”。还由于深受东方一些国家和地区人们的喜爱，因而被国际珠宝界称为“东方之宝”。

◆青金石

早期翡翠并不名贵，身价也不高，不为世人所重视，纪晓岚（1724—1805年）在《阅微草堂笔记》中写道：“盖物之轻重，各以其时之时尚无定滩也，记余幼时，人参、珊瑚、青金石，价皆不贵，今则日……云南翡翠玉，当时不以玉视之，不过如蓝田乾黄，强名以玉耳，今则为珍玩，价远出真玉上矣”。由此可知，18世纪初，古人不认为翡翠是玉，翡翠价格低廉，至18世纪末，翡翠已是昂贵的珍玩了。另据《石雅》得知20世纪初大约45千克重的翡翠石子值十一英镑。翡翠石子中不乏精华，当时价格也很贵，但与现在，1千克特级翡翠七八十万美金相比，简直是小巫见大巫。

（2）翡翠的形成

翡翠是如何形成的？民间有很多神奇的传说，地质学家以前一直把它看成一个谜，曾有人认为翡翠

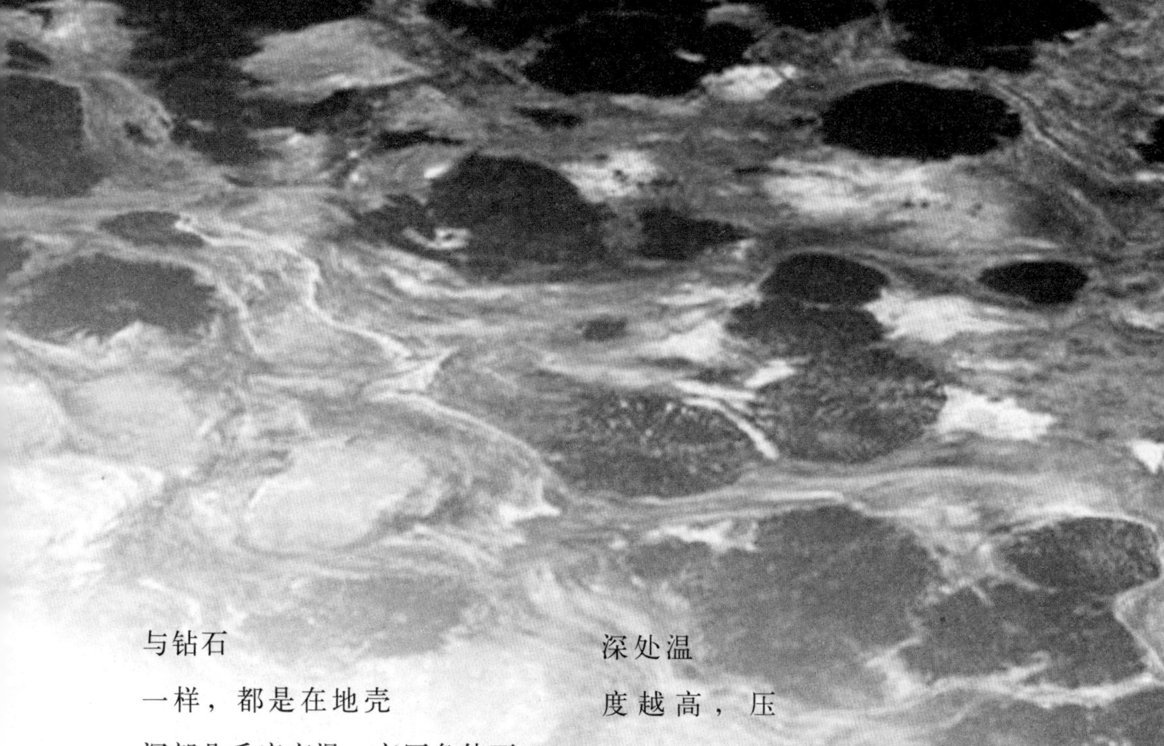

与钻石一样，都是在地壳深部几千度高温，高压条件下结晶形成的，其实不然；美国不少地球物理学家在实验室做了大量的仿真实验，再结合世界各地发现翡翠矿床的实际情况，他们认为，翡翠并不是在高温情况下形成的，而是在低温条件下在极高压力下变质形成的。

日本东北大学砂川一郎教授在《话说宝石》（1983年出版）一书中，更具体指出翡翠是在一万个大气压和比较低的温度（200℃～300℃）下形成的。我们知道地球由地表到深部，越往深处温度越高，压力也越大。但翡翠既是在低温高压条件下结晶形成，当然不可能处于较深部份，那么高压究竟从何而来呢？

这高压是由于地壳运动引起的挤压力所形成的，现已获得证实，凡是有翡翠矿床分布的区域，均是地壳运动较强烈的地带。

还有另外一个因素是：凡发现有翡翠形成的地方均有含钠长石的火成岩侵入体（中—基性岩）。钠长石的化学成份为$NaAlSi_3O_8$，因此，可以推测翡翠

硬　玉

是在低温、高压条件下由含钠长石的岩石去硅作用而形成的。

若要成为特级硬玉——翡翠，还须具备以下条件，翡翠围岩必须是高镁高钙低铁岩石。这种环境产出的翡翠更纯净，少铁不发灰。尽管低铁但还是有铁的存在，要翡翠十分纯净无杂质，还须在强还原条件下，即在还原环境中生成。因为在缺氧环境中，它所含的铁会形成磁铁矿而析出，而不进入翡翠的晶格内，可使翡翠的绿更正。再者要有生成翡翠后的地质作用及多次强烈的热液活动，把翡翠改造得绿正、水好、底纯的特级翡翠。翡翠成色过程是伴随着热液活动进行的，为多期强度不同的成色过程。而且缓慢分解成铬离子的致色元素，要长时间处在150℃～300℃，最佳温度是在212℃左右下，铬离子才能均匀不间断地进入晶格，在这种条件下生成的翡翠绿色非常均匀。完全生成特级翡翠后，还不能有大的地质构造运动，否则将会产生大小不等，方向不同的裂纹而影响质量。以上各条件很难同时具备，这就是为什么特级翡翠稀少的原因。

（3）翡翠的特性

化学成分：钠铝硅酸盐——$NaAl[Si_2O_6]$，常含Ca、Cr、

Ni、Mn、Mg、Fe等微量元素。

矿物成分：以硬玉为主，次为绿辉石、钠铬辉石、霓石、角闪石、钠长石等。

◆钠铬辉石

结晶特点：单斜晶系，常呈柱状、纤维状、毡状致密集合体，原料呈块状次生料为砾石状。

硬度：6.5～7.5。

解理：细粒集合体无解理；粗大颗粒在断面上可见闪闪发亮的“蝇翅”。

光泽：油脂光泽至玻璃光泽。

透明度：半透明至不透明。

相对密度：3.30～3.36，通常为3.33。

折射率：1.65～1.67，在折射仪上1.66附近有一较模糊的阴影边界。

颜色：颜色丰富多彩，其中绿色为上品，按颜色可分为三种类型：皮类颜色，指翡翠最外层表皮的颜色，其形成与后期风化作用有关。这类颜色为各种深浅不同的红色、黄色和灰色，其特点在靠近原

◆冰种翡翠

料的外皮部分呈近同心状，红色常称为翡；地子色，又称“底子”颜色，有底色之意，指绿色以外的其他颜色，为深浅不同的白色、油色、藕粉、灰色等；绿类颜色，指翡翠的本色，这类颜色的特点为各种深浅不同的绿色。有时绿中包含着黑色，绿色常称为翠。

发光性：浅色翡翠在长波紫外光中发出暗淡的白光荧光，短波紫外光下无反应。

（4）翡翠常见品种

市场中有哪些常见的翡翠品种呢？这里就简单介绍翡翠的常见品种。

冰种翡翠：质地与老坑种有相似之处，无色或少色，冰种的特征是外层表面上光泽很好，半透明至透明，清亮似冰，给人以冰清玉莹的感觉。若冰种翡翠中有絮花状或断断续续的脉带状的蓝颜色，则称这样的翡翠为“蓝花冰”，是冰种翡翠中的一个常见的品种。冰种玉料常用来制作手镯或挂件。无色的冰种翡翠和“蓝花冰”翡翠的价值没有明显的高低之分，其实际价格主要取决于人们的喜好。冰种是中上档或中档层次的翡翠。

不平的结构。

该品种多为中档翡翠，少数绿白分明、绿色艳丽且色形好，色、底非常协调的，可达中高档品品级。

水种翡翠：其玉质的结构略粗于老坑玻璃种，光泽、透明度也略低于老坑玻璃种而与冰种相似或相当。其特点是通透如水但光泽柔和，细观其内部结构，可见少许的“波纹”，或有少量暗裂和石纹，

◆白底青翡翠

白底青翡翠：白底青的特点是底白如雪，绿色在白色的底子上显得很鲜艳，白绿分明。这一品种的翡翠极易识别：绿色在白底上呈斑状分布，透明度差，为不透明或微透明；玉件具纤维和细粒镶嵌结构，但以细粒结构为主；在显微镜下观察(须放大30～40倍)，其表面常见孔眼或凹凸

◆水种翡翠

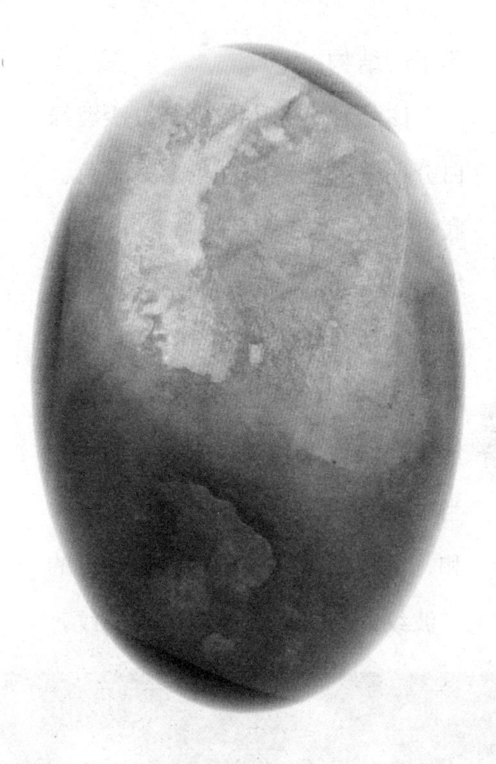

◆紫罗兰翡翠

偶尔还可见极少的杂质、棉柳。有行家说水种翡翠是色淡或无色的、质量稍差的老坑种翡翠，是翡翠中的中上档、偶见上档的一个品种。

紫罗兰翡翠：这是一种颜色像紫罗兰花的紫色翡翠，珠宝界又将紫罗兰色称为“椿”或“春色”。具有“春色”的翡翠有高、中、低各个档次，并非是只要是紫罗兰，就一定值钱，一定是上品，还须结合质地、透明度、工艺制作水平等质量指标进行综合评价。

翡翠上的紫色一般不深，翡翠界根据紫色色调深浅的不同，将翡翠中的紫色划分为粉紫、茄紫和蓝紫，粉紫通常质地较细，透明度较好，茄紫次之，蓝紫再次之。

红翡：颜色鲜红或橙红的翡翠，在市场中很容易见到。红翡的颜色是硬玉晶体生成后才形成的，系赤铁矿浸染所致。其特点为亮红色或深红色，好的红翡色佳，具有玻璃光泽，其透明度为半透明状，红翡制品常为中档或中低档商品，但也有高档的红翡，色泽明丽、质地细腻、非常漂亮，是受人们喜爱的，具有吉庆色彩的翡翠。

花青翡翠：颜色翠绿呈脉状分布，极不规则；质地有粗有细，半透明。其底色为浅绿色或其他颜色。如浅灰色或豆青色，其结构主要为纤维和细粒中粒结构。花青翡翠的特点是绿色不均。有的较密集，有的较为疏落，颜色有深也有浅。花青翡翠中还有一种结构只呈粒状，水感不足，因其结构粗糙，所以透明度往往很差。花青属中档或中低档品级的翡翠。

老坑种翡翠：商业界俗称“老坑玻璃种”，通常具玻璃光泽，其质地细腻纯净无瑕疵，颜色为纯正、明亮、浓郁、均匀的翠绿色；老坑种翡翠硬玉晶粒很细，因此，凭肉眼极难见到“翠性”；老坑种翡翠在光的照射下呈半透明透明状，是翡翠中的上品或极品。

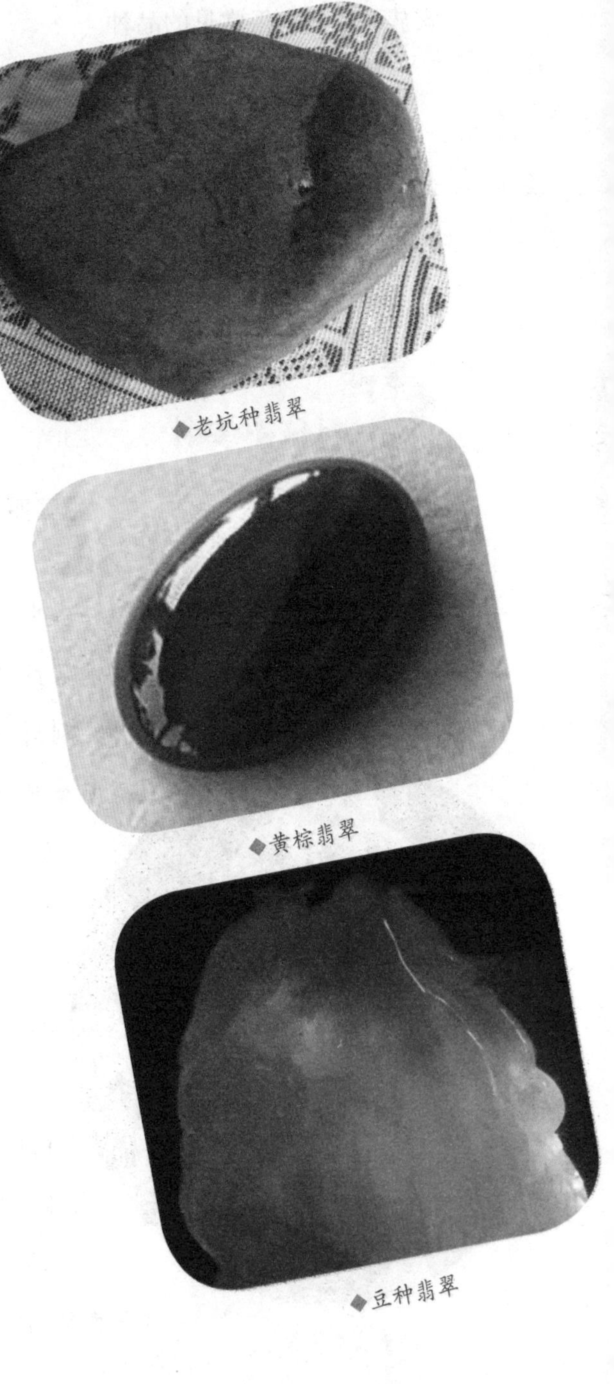
◆老坑种翡翠

◆黄棕翡翠

◆豆种翡翠

黄棕翡：颜色从黄到棕黄或褐黄的翡翠，透明程度较低。这一系列颜色的翡翠制品在市场中随处可见。它们的颜色也是硬玉晶体生成后才形成，常常分布于红色层之上，是由褐铁矿浸染所致。在市场中，红翡的价值高于黄翡，黄翡则高于棕黄翡，褐黄翡的价格又次之。但也有因人的喜爱及饰品别具特色而使其价格有别于常规的情况 。

豆种翡翠：简称豆种，是翡翠

家族中的一个很常见的品种。

芙蓉种翡翠：简称芙蓉种，这一品种的翡翠一般为淡绿色，不含黄色调，绿得较为清澈、纯正，有时其底子略带粉红色。

翠丝种翡翠：这是一种质地、颜色俱佳的翡翠，在市场中属中高档次的玉。

藕粉种翡翠：其质地细腻如同藕粉，颜色呈浅粉紫红色(浅春色)，是良好的工艺品原料。

知识小百科

中国四大国宝翡翠

我国的四大国宝翡翠——岱岳奇观、含香聚瑞、群芳览胜、四海腾欢，现陈列在北京中国工艺美术馆“珍宝馆”，由北京玉器厂的近40名玉雕大师，利用四块大型翡翠原料，从1982年开始，耗时整整六年时间精雕细刻而成的四件异常珍贵的玉雕作品。

◆翡翠花薰

(1) 翡翠景观《岱岳奇观》

《岱岳奇观》高78厘米，宽83厘米，厚50厘米，重363.8千克。这件作品以珍贵的翠绿充分表现泰山正面的景色，突出了十八盘、玉皇顶、云步桥等奇景，显示了泰山的雄伟气势和深邃意境。

(2) 翡翠花薰《含香聚瑞》

《含香聚瑞》高71厘米、宽56厘米、厚40厘米，

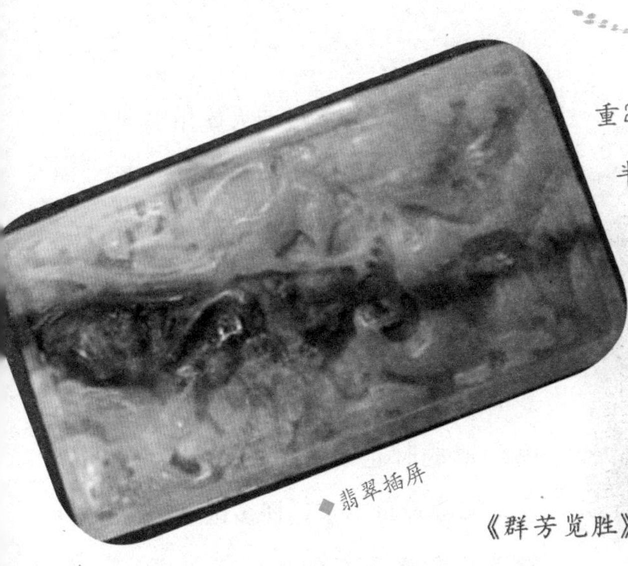
翡翠插屏

重274千克。薰的主身是以两个半圆合成的圆球体，集圆雕、深浅蓝浮雕、镂空雕于一体，综合体现了我国当代琢玉技艺无可比拟的高、精、尖水平。

(3) 翡翠花篮《群芳览胜》

《群芳览胜》玉篮高64厘米，其中满插牡丹、菊花、月季、山茶等四季香花，是当今世界最高大的一个翡翠花篮。这只篮上的两条玉链各40厘米长，各含32个玉环。玉雕大师足足花了整整八个月的时间才完成。

(4) 翡翠插屏《四海腾欢》

《四海腾欢》高74厘米，宽146.4厘米，厚1.8厘米，插屏整个画面以我国传统题材“龙”为主题，9条翠绿色巨龙，在白茫茫的云海里恣意翻滚，气势磅礴，是当今世界最高大的一个翡翠插屏。

这四件玉雕作品于1990年获国务院嘉奖和中国工艺美术百花奖“珍品”金杯奖。

◎玛　瑙

(1) 玛瑙简介

玛瑙是玉髓类矿物的一种，经常是混有蛋白石和隐晶质石英的纹带状块体，硬度7～7.5度，比重2.65，色彩相当有层次。有半透明或不透明的。常用做饰物或玩赏用。古代陪葬物中常可见到成串的玛瑙球。

◆玛　瑙

玛瑙可分为玉髓和玛瑙。原石颜色不复杂的称为“玉髓”，出现直线平行条纹的原石则称为“条纹玛瑙”(截子玛瑙)。根据原石的颜色，又有缠丝玛瑙、深红玛瑙、大红玛瑙、有草形纹并为不同程度的绿色的为水草玛瑙、沉红并往往会伴有黑红及黑色的红缟玛瑙等。

玛瑙从古至今均属受人们欢迎的中档玉料。世界上著名的玛瑙宝石首饰不胜枚举。约公元前四千年左右，埃及沙美里亚人就用玛瑙制作成一个形似斧头的工艺品，现存于美国纽约历史博物馆中。中国最大的一件水胆玛瑙艺术品——大观园，重7350克，胆内体积1100多立方厘米，藏水850克，水胆是玛瑙形成时包裹进来的，极为珍贵，堪称稀世珍宝。许多国家把缠丝玛瑙和橄榄石作为“八月诞生石”，西方人认为佩戴它象征夫妻和睦、恩爱、幸福，被誉为“幸福之石”。

玛瑙赋存于基性火山岩期后热

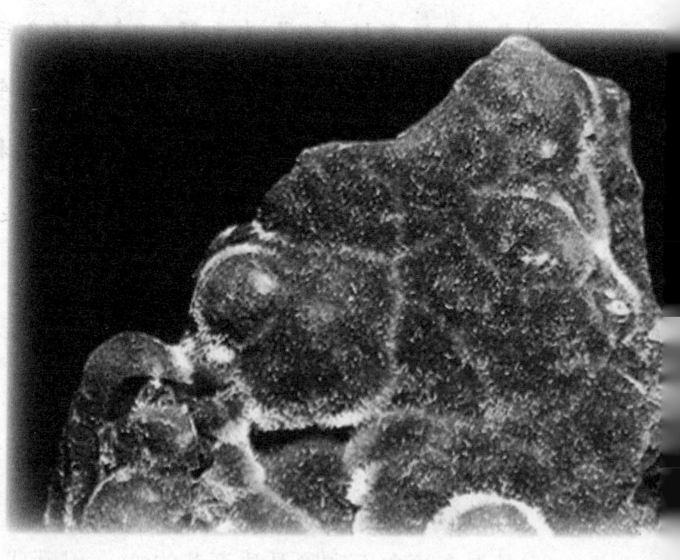
◆橄榄石

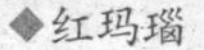
◆红玛瑙

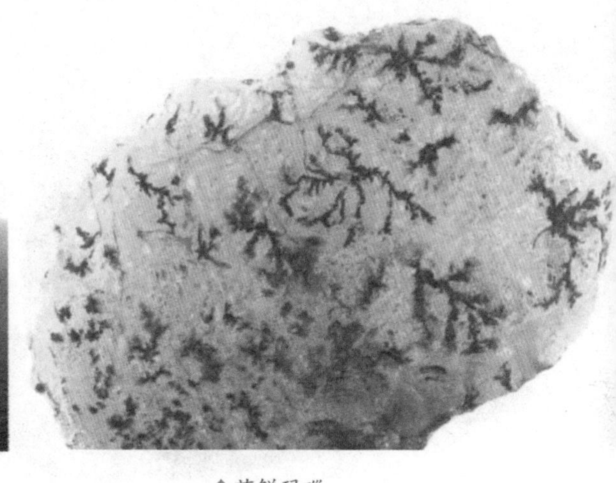
◆苔鲜玛瑙

液型矿床、火山岩裂隙和空洞中。绿玉髓成因有一种观点认为是火山期后热液作用的结果。世界著名的玛瑙产地很多，巴西和中国云南产红玛瑙、大块玛瑙，印度、美国产苔藓玛瑙，俄罗斯、冰岛、印度、美国、中国产灰白色玛瑙。中国是产玛瑙大国。世界优质绿玉髓产于澳大利亚昆士兰、斯里兰卡、印度等国。

人们对玛瑙质量和经济价值的评判，一般都是以肉眼识别作为主要手段，尽管现代科学技术发达，各种玉石鉴定仪器很多，但在交易过程中使用这些仪器一是很不方便，二是不能解决问题，原因很简单，会受到环境的局限，若判断玛瑙的优劣及经济价值，那仪器就毫无用途了。交易现场不可能进行复杂仪器作业，所以肉眼鉴别始终是一种极其重要的方法。玛瑙种类繁多，素有“千样玛瑙万种玉”之说，所以鉴别方法也很多，通常以纹带、颜色、透明度、裂纹、杂质、砂心和块重为分级标准，除水胆玛瑙最为珍贵外，一般以搭配和谐的俏色原料为佳品。

（2）玛瑙的形成

玛瑙的历史十分遥远，大约在

◆石　髓

在地质历史的各个地层中，无论是火成岩还是沉积岩都能形成玛瑙。所以，玛瑙很多，成色差异也很大。按其花纹和颜色的不同，而有缟状玛瑙、苔纹玛瑙、碧玉玛瑙等名称。

一亿年以前，地下岩浆由于地壳的变动而大量喷出，熔岩冷却时，蒸气和其他气体形成气泡。气泡在岩石冻结时被封起来而形成许多洞孔，很久以后，洞孔浸入含有二氧化硅的溶液凝结成硅胶。含铁岩石的可熔成份进入硅胶，最后二氧化硅结晶为玛瑙。在矿物学中，它属于玉髓类，是具有不同颜色且呈环带状分布的石髓。通常是由二氧化硅的胶体沿岩石的空洞或空隙的周壁向中心逐渐充填、形成同心层状或平行层状块体。一般为半透明到不透明，折光率1.535～1.539。

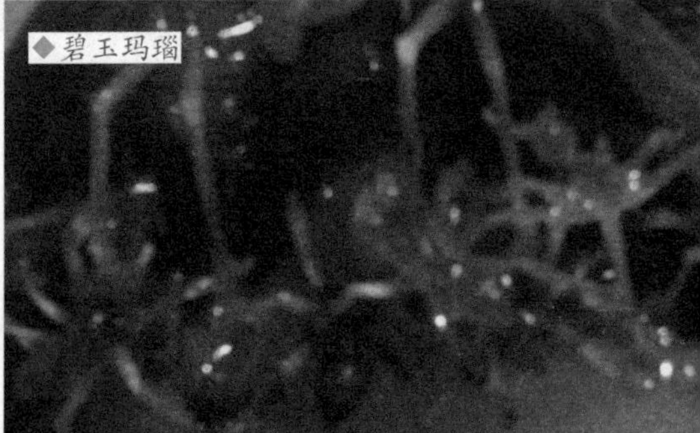

◆碧玉玛瑙

◆碧玉玛瑙

◆碧玉玛瑙

第四章 矿物与人类的关系

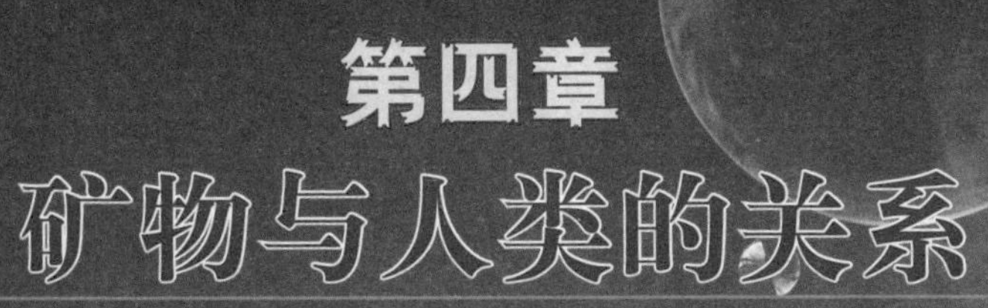

人类的生活离不开矿物。有的矿物被直接利用，而更多的矿物是间接利用。直接利用的如食盐类；用于医药的有辰砂、粘土类矿物以及钾盐和卤砂等；天然矿物可以作颜料，如海南岛石绿铁矿床产的蓝铜矿等

间接利用的矿物就更多了。在建筑用材上，钢铁材料是由磁铁矿、赤铁矿、萤石等，再用煤制的焦炭熔融这些矿物后才炼出的。建造高楼大厦用的高品位水泥除了石灰岩之外还需加入沸石矿物等。

在高科技上，使用矿物的数量更是可观，例如，无线电工业用的压电性材料就是天然的石英晶体。由于不同矿物的导电性不同，可以直接用作电气工业材料。如白云母作为绝缘材料，石墨用作电极材料。还有一部分是由矿物提炼成钛（钛铁矿）、铜（黄铜矿等）、铝（铝土矿等）、锡（锡石等）等制成管、板、丝等产品用在各个方面等。

矿物对人类的作用不仅仅是在生产生活上，还对人类身体健康和美容等有很大的影响，本章主要是从矿物与人类健康、矿物与人类美容和矿物与人类的生产生活三个方面来阐述矿物与人类的关系。

矿物与人类健康

自然界的物质分为有无机物和有机物两大类，但无论属哪一类的物质均是由“元素周期表”上的若干种元素构成的。周期表上原子序数排第92号的是铀，这是一种放射性元素，用于核电站、造原子弹等。92号元素以前的元素在地壳中都已经发现，它们单独形成单质如金刚石、自然金等，或互相结合形成各种化合物——有机物或无机物。而在92号元素后面的一些高序号元素都是人工合成的人造元素，它们都具有放射性，一般都对人体有害。

动植物主要由碳、氢、氧、氮、磷、钾等元素以各种各样不同方式结合成为动植物世界，当然，人也不例外。各种各样的元素组成了各种生物和人。

随着社会的进步和科学的发展，人们生活也在不断变化，而且逐渐发现人类生活中除了必需的鱼、肉、蛋、奶等食物外，身体里还不能缺少一些“微量”元素。医学研究发现，人体内共有60多种元素，而组成人体的碳、氢、氧、氮、磷、钙等主要成分叫常量元素（宏量元素），它们占人体总重量的95%，而其它几十种不足1%的元素叫微量元素。虽然这几十种元

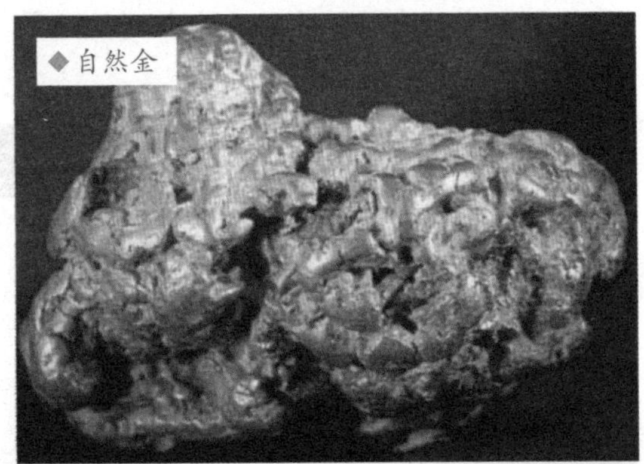
◆自然金

◆锶

素“微不足道”，但它们和人体的生长、发育、健康，即与生、老、病、死之间的关系其实非常密切。

现在，人们认识到有一些微量元素是有益健康的，有些对健康是有害的。如人体中必需的微量元素有铁、锌、钠、铬、锰、钴、镍、氟、碘、硒、钒、钼、锶、锡等。而有些元素是对人体有害的，如镉、汞、铅、砷、铊、锑、碲以及铬。还有一些元素被认为是对人体健康有益的，如锂、铌、硼、硅、锗、溴、铷等。这些微量元素在人体中的作用是很复杂的，但必需的微量元素在人体内必须保持一定的浓度才能使人正常发育成长。

人们会看到人有“大脖子病”（甲状腺肿），其实这是由于身体缺碘引起的；有些人的牙齿发黑（斑釉齿病），这是因为引用水中含氟过多引起的，氟过多会引起氟中毒，而氟不足又会造成龋齿；人们知道

◆锂

血液中含铁，缺铁会得贫血症，可是，有些人不缺铁一样得贫血，这又是为什么呢？是因为元素之间有一种协同作用，彼此相互促进，所以得贫血的人血液中缺少的不是铁而是钠，缺钠会使人体中的铁不能进入血红蛋白分子中，所以也就成了贫血。

一些元素对身体有益，一些元素对身体有害。如锶对于人的骨骼系统和心血管系统、高血压病有很好的治疗和保健作用。锌在人体内参与多种酶的合成，还参与核酸核蛋白质代谢。特别是婴儿的大脑发育和儿童的生长发育均要大量的锌，它也对促进伤口的愈合和治疗溃疡病有明显的效果，但如过量摄入锌也会造成恶心、头晕、呕吐和腹泻等现象。硒元素经医学研究发现它在人体中的贡献比危害大得多，它主要在眼睛中，其次为肝、胰、肾、血液、皮肤及肌肉中。有人发现视力特别敏锐的鹫的视网膜中含硒量高达700微克，而人类只是它的1%。

因此，矿物元素对人类的身体健康是非常重要的，虽然身体对矿物元素所需的量非常少，但是却不可缺，如果缺了，人类的身体健康就会受到很大的影响。下面就对一些主要矿物与健康的关系作些介绍。

◎ 玉石与健康

我国素有“玉石之国”的美誉，人们视玉如宝。玉石在各种矿石中一直享有特殊的地位。早在新石器时代，就已经有内圆外方的玉，作为宗教的礼器，用来沟通天地。人们认为，玉石是吸收天地之精华的通灵之器。

据传，朝朝代代的帝王嫔妃养生不离玉，嗜玉成癖如宋徽宗；含玉镇暑如杨贵妃；持玉拂面如慈禧太后……曾有古籍称：玉乃石之美者，味甘性平无毒。各流派的气功大师一致认为，人身有“精、气、神”三宝，“气”的使用尤为突出，而玉石是蓄“气”最充沛的物质。甚至有的帝王死后，口中还要含玉璧，或者穿着玉衣，藉以保护遗体。

玉在中国古代可用作药材之风盛行于三国魏晋南北朝时期，这一时期出土玉器极少，可能与人们大量觅玉、食玉有关。由于古人追求金石之寿，才有了中国的炼丹术，而玉，在中国人心目中几乎成为神化的东西。因此，有些古人认为：“玉亦仙药，但难得耳”“服玉者，寿如玉”，玉可以入药，就是将玉磨成粉末制成浆汁，或团成丸子吞服。《神农本草经》卷一中确实有记载，它说玉泉（即玉屑汁）可以“柔筋强骨，安魄魄，长肌肉，益气。久服耐寒暑，不饥渴，不老神仙，人死服五斤，死三年色不变”。《神农本草经》还有记载：“玉乃石之美者，味甘性平无毒。”认为吮含玉石，借助唾液与其协同作用，“能生津止渴，除胃中之热，平烦懑之气，滋心肺，润声喉，养毛发”。

明代著名医药学家李时珍《本草纲目》载：“玄真者，玉之别名也。服之令人身飞轻举，故曰：服玄真（玉石），其命不极。”又载：“玉屑是以玉石为屑。气味甘平无毒。主治除胃中热，喘息烦满，止渴，屑如麻豆服之，久服轻身长年。能润心肺，助声喉，滋毛发。滋养五脏，止烦躁，宜共金银、麦门冬等同煎服，有益。”由此可见，玉石自古被人入药，它对于疗疾和保健具有很好的作用。玉石中含有可被人体吸收的微量元素，可以入药早已被医学家所知。

《神发本草》记载：玉石可“除中热、润心肺、助声喉、滋毛发、养五脏、安魂魄、疏血脉、明耳目”。玉石多含人体必需的微量元素，如铁、锌、硒、铜、铬、钴、镍和锰等，对身体有好处是肯定的，而且有适度的保健功能，但是不能无限夸大它的作用。

玉石不仅有入药的功能，如果

◆玉 石

长期佩戴，还对身体有益。长期佩戴玉石，可浸润皮肤，进入人体，补充不足，所以佩戴玉可使人体各项生理机能获得平衡，有稳定精神和镇定情绪的作用。玉石经过琢磨后，会产生一种特殊的光电效应，与人体发生谐振，形成微小的电磁场、能够与人体产生谐振，使诸器官协调运转，稳定情绪，集中精力，从而起到稳定情绪、增强反应能力、集中注意力的奇妙功效。玉石既能聚焦蓄能，又可吸收排泄过剩，平衡阴阳，疏脉活血，祛病延年。

玉石手镯有一定的重量，随着手臂的挥动，腕上的玉镯上下移动，移动过程中就按摩了腕部的穴位和胫络。医学界认为耳朵是倒置的胎儿，每个部位都有相应脏腑的反射区，其中面部经络的反射区就在耳垂上。耳

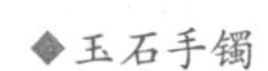

◆玉石手镯

◆玉　石

祛除老人视力模糊之疾，且可蓄元气，养精神。

如果嘴含玉石，能借助唾液所含营养成分与溶菌酶的协同作用，能生津止渴，除胃中之热，平烦懑之气，滋心肺，润声喉，养毛发，不失为玉石养生的又一途径。玉在山而草木润，玉在河则河水清，由此可见玉石养生有益无损。

玉石还有生物和物理作用，其功能更神奇。中医倡导头凉脚温。制成玉枕，由数十片小玉镶嵌而成，舒适透气凉爽，具有静电磁场，枕之入睡，头部十余穴处，即可按摩。对脑血栓后遗症、脑梗死、脑出血后遗症等颇有治疗和预防作用。对神经性耳聋、耳鸣、颈椎病，神经性头痛等病症，也有疗效。玉石制成项链佩戴，可以疏经活胳、调节阴阳。

玉石的功能不能小觑，在日常生活中，人们可以好好利用玉石可以让身体更健康，使生活更美好。

垂戴上耳坠，耳坠随头部移动而摇摆，既能导致面部经络通畅永保娇容，又能因耳垂摆动而带动整个耳轮活动，从而使人体各部位的经脉的脏腑气血运行通畅，防病治病。

某些玉石还有白天吸光，晚上放光的奇妙的物理特性。有人认为，当光点对准人体的某个穴位时，能刺激经络、疏通脏腑，有明显的治疗保健作用。位于人手腕背侧有“养老穴”，常佩戴玉镯，可以得到长期的良性按摩，不仅能

◎ 珊瑚石与健康

社会的进步和近代医学的发展，证实珊瑚石不仅是真正的宝石，而且还有很多药用和医用价值。

刚开始的时候，珊瑚仅仅只是被人们当成一种避邪的护身符，随着人们对珊瑚的认识越来越多，还发现了珊瑚具有很多其他价值。

红珊瑚除了作为珠宝世界中有生命的珍宝外，经过研究还发现，珊瑚具有独特功效的药宝，有养颜保健，活血、明目、驱热、镇惊痫，排汗利尿等诸多医疗功效。

明代医药大师李时珍在经典名著《本草纲目》中对珊瑚有这样的记载：“去翳明目，安神镇惊。用于目生翳障，惊痫，鼻衄。”等功效。据有关资料介绍，珊瑚石有止呕吐、止泻、止血、治腰痛、小儿惊风、清热解毒、化痰止咳、排汗利尿等作用。国外最新研究认为珊瑚可用来接骨，入药可治溃疡、动脉硬化、高血压、冠心病以及性病。

随着近代医学的发展，人们逐渐发现红珊瑚还具有促进人体的新陈代谢及调节内分泌的特殊功能。因此，有人把它与珍珠一道称为“绿色珠宝”。可见，古今中外，无论是远古先民，还是当今世人，无论是宫廷朝官，还是平民百姓，他们对红珊瑚都有真挚虔诚的信

◆珊瑚石

◆绿色珠宝

仰和强烈而独特的偏爱，这一切为红珊瑚文化的传承奠定了丰厚的人文基础。珊瑚石的成分主要为碳酸钙，经处理后能把它变成与人体骨骼相似的磷酸钙，因此，医生将它用来修补人体骨骼。奇妙的是，人的新生血管能随着造骨细胞一起在珊瑚石的孔隙里生长，使骨折部分迅速恢复正常。

美国人通过进一步研究，将珊瑚石进行烘焙，使其转化成骨矿，并在其中加入玻璃纤维增强聚合物，提高强度，从而使它不但能用于接骨，而且可直接代替小块或小段骨头使用，还可以用来“熔接”脊椎，甚至能制成转动自如的假眼。

珊瑚石的奇妙，何止这些呢。

大块的上等珊瑚石物料可以雕刻成各种价值连城的珠宝艺术品，小块的珊瑚石物料可以切割制成戒指、坠子、耳环、项链等等。

珊瑚石全身都是宝，这是任何宝石都不能跟它相提并论的。

◎ 玛瑙与健康

玛瑙是古代七宝之一，其中以红色最为珍贵。“玛瑙”一词源自佛经，是长寿之石，史称“琼玉”“赤玉”，很早就被人们认作是人间奇珍，能使佩带者愉快、自信。《本草纲目》金石部第八卷记载：“玛瑙味辛，性寒无毒，可用于眼科。目生障翳者，用玛瑙研末点之，疗效甚佳。”

玛瑙是自然界中分布较广、质地坚韧、色泽艳丽、纹饰美观的玉

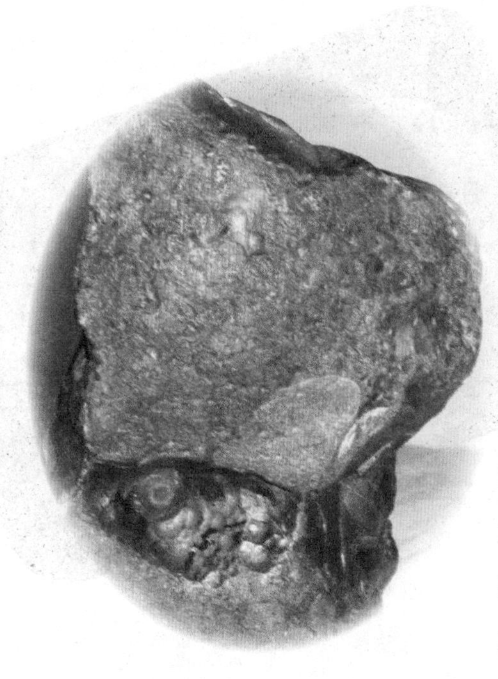

◆玛　瑙

微量元素，长期佩带使用有益身心健康。

古代学者常把玛瑙、玉髓称为“第三眼”，据说可使人与通过的波动频率产生共识，增强原子的气力，使电子发生作用，因此对喜爱占星术、研究灵术的人来说，是增强自己透视灵界能力的催化剂，这就说明了为何西藏饰品天珠多以玛瑙或玉髓来作为原材料。玛瑙除了药性作用，还有以下三个方面的作用。

石之一，玛瑙的用途非常广泛。它可以作为药用，也是宝石、玉器、首饰、工艺品材料、研磨工具等。《本草纲目》金石部第八卷记载：马脑，释名玛瑙。呈淡红色，像马的脑，故叫玛瑙珠，属玉石类，重宝也。玛瑙质地坚硬，碾造费工，色正无暇，可做各种装饰品。史料记载，佩带玛瑙工艺品，不仅可作为装饰，而且可以使人头脑清晰，精力充沛，提高工作效率。玛瑙中含铁、锌、镍、铬、钴、锰等多种

（1）心理作用

玛瑙对消极、没有目标和没有冲劲的人，有刺激其好奇心及行动力的作用，让其认清目标、急起直追，也能消除恶意与妒忌，带来平和的作用。同时，还能增强创意与创作力，使人在创作的过程中灵感泉涌。

（2）生理作用

正红色的红玛瑙可以改善人体内分泌，加强血液循环，让气色变好，去除性方面的障碍，橘色的红

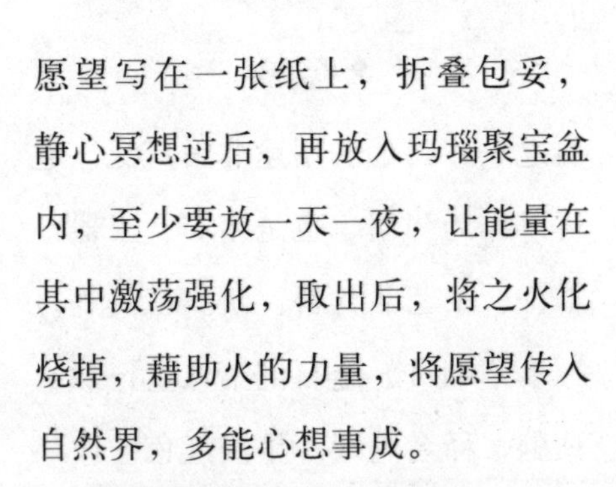
◆天然玛瑙

玛瑙则可对直肠、肠胃都有很好的效果，可活化内脏，预防便秘，帮助排出毒素，对肝病、风湿、神经痛、静脉曲张等有舒缓的功用。对于女性，长期佩戴玛瑙可以使皮肤润滑，心情开朗，血液循环增强，嘴唇红润，眼珠明亮而有神。

(3) 灵性作用

天然红玛瑙最为贵重，黑玛瑙西方也称安力士，目前自然玛瑙中是没有黑玛瑙的，人们所说的黑玛瑙是由自然玛瑙经由加温工艺变成玄色，在鉴定上由于没有添加其他非自然成分，故仍属自然，且不会褪色。天然玛瑙还具有极强的灵性作用。

①玛瑙是佛教七宝之一，自古以来一直被当为辟邪物、护身符使用，象征友善的爱心和希望，有助于消除压力、疲劳、浊气等负性能量。

②在西方魔法里，人将自己的愿望写在一张纸上，折叠包妥，静心冥想过后，再放入玛瑙聚宝盆内，至少要放一天一夜，让能量在其中激荡强化，取出后，将之火化烧掉，藉助火的力量，将愿望传入自然界，多能心想事成。

③玛瑙可以为一些水晶饰品消磁充电，如戒指、坠子、耳环、手链等，但需要用纸或布包住，以免被刮伤。

④读书的小朋友多接触带水玛瑙，可以感染水的特性，聪明、灵活、乖巧、学习力强、适应力佳。

⑤夫妻房中摆设带水玛瑙，有助于夫妻感情和睦，增进闺房之乐。

⑥夏天佩带玛瑙不仅时尚、漂亮而且能降温，防止中暑等。

⑦将适量的玛瑙放置于枕头下，有助于安稳睡眠，并带来夜夜好梦。

⑧戴着带水玛瑙，可以强化亲和力，能够灵活应变，有助事业成功，财源旺盛。

⑨玛瑙可改善内分泌，加强血液循环，让气色变好，消除性方面的障碍。偏橘色的红玛瑙则可对直肠，胃肠都有效用，可活化内脏，预防便秘，帮助排出毒素，对肝病、风湿、神经痛、静脉曲张等都有舒缓的功用。

◎ 翡翠与健康

自古以来，翡翠就是人们喜爱的珍贵饰物，在我国尤为如此。早在清代，国内外公认翡翠为中国的国石。有“黄帝玉”和“玉中之王”的美誉。翡翠以艳丽、稀有、高值与钻石、珍珠、宝石统被视为华贵的象征。

通常，翠钻珍宝的色彩具有一定的内涵和意义，这也正是它们各自的性格。例如，白色（钻石、珍珠、水晶）表示纯洁、神圣和高雅；蓝色（海蓝宝、松石、青金石）表示秀丽、宁静和清新；黄色（托帕石、碧玺、黄晶）表示温和、光明和快乐。而翡翠，翡为红色，表示热情、健壮和希望；翠为绿色，表示和平、青春和

◆玛 瑙

◆翡 翠

朝气。正是因翡翠的色彩性格象征着活力、富贵和益寿，集中了中华民族性格特色，所以它尤其受到炎黄子孙的厚爱。

自古民间传说佩戴某些珠宝如珊瑚挂串有“镇惊防邪”“驱灾避险”“催生助产”等神奇护身的功力，虽说有迷信色彩，但至今也无实证性考查，尚难给予科学鉴定，有待今后探讨。目前，有关学者从健康学的角度对翡翠进行了初步观察，认为它对健康（摄生健康、养性健康、防疾治病）有着一定的联系。

总的说来，翡翠中的化学成分对人体能起补偿作用，有利于增强免疫力，提高新陈代谢功能，从而改善身心健康，起到预防与强健作用。其机理同盛行的磁疗片、保健手表、健身球等类相似。经过研究表明，胸前佩挂翠坠（不用金银嵌镶）的效果更佳。若将翠坠置于胸前经穴，贴近“龙颔”“神府”奇穴，使体表反应点和循经感传的导应现象产生尤为理想。因为穴位是躯体脏腑、经络之气血输注于体表的部位，它兼备防疾与治疗作用。“龙颔”与“神府”在针灸学中是防治胸闷、心痛、胃病（胃寒、呕逆、痉挛、溃疡痛症等）的主穴。同理，若翠镯紧贴“内关”“神门”“通里”“高骨”等穴位，对宁心安神、舒筋活络起作用；翠圈马镫环于中指“中魁”“端正”“中平”等穴位有助于健全消化系统、防治痞积、噎隔反胃、呕逆等。

矿物之最

（1）密度最大的矿物

有一种含锑的矿物，其化学构成是$[(SbO)_2(TaNb)_2O_6]$。这种矿物的密度最大为7.46克/立方厘米。

（2）最宝贵的祖母绿

最宝贵的祖母绿在1987年4月2日被拍卖，价格为2 126 646美元。这块祖母绿是四方形的，重19.77克拉。

（3）最美的翡翠

心形翡翠是全世界最美的翡翠。1967年伊朗国王加冕时，它装在国王的腰带扣子上，这颗宝石估计重175克拉。

（4）最大的蛋白石

最大的蛋白石为6842.77克拉，在澳大利亚的库帕·彼地发现。奥林匹克·奥斯特里蛋白石（17700克拉）在1956年8月发现，归阿特曼查尼普蒂公司所有。后在墨尔本展出，价值为1 800 000美元。

（5）最大的黄玉

最大的黄玉叫“巴西公主”，重21327克拉，有221个刻面，是世界上刻面最多的宝石。

（6）最大的水晶球

最大的水晶球重39843.583克，直径为32.7厘米，被称为“旺纳球”，是在缅甸发现的，现存华盛顿特区美国国立博物馆。

(7) 最大的玉石

加拿大地质勘探工作者麦克斯·洛思奎斯特，在1992年下半年在加拿大的一个雪山上，发现了一块世界上最大的玉石。该玉石重达577吨，价值500万美元。在此之前，世界上最大的玉石是在我国发现的，其重260吨。

(8) 最大的珍珠

最大的珍珠为老子珍珠，其直径为13.97厘米，重量为6.406千克，是1934年5月7日在菲律宾一个巨蚌中发现的。1936年起，为威尔本·道维尔·考布所有，直到他去世。1971年7月价值为4 080 000美元。1980年5月15日在旧金山拍卖时，以200 000美元卖给加利福尼亚商人彼特·霍夫曼，旧金山宝石研究所估计其价值为32 640 000美元。

(9) 最大的黑珍珠

最大的黑珍珠直径为1.8厘米，在斐济群岛纳马拉海湾被发现。

(10) 最大的琥珀

最大的琥珀重15.252公斤，于1860年在缅甸发现。

(11) 最大的自然块金

最大的自然块金重达325 142.46克，取名为“曼特曼块金”，于1872年在澳大利亚的拜尔·霍特曼希望之星金矿中发现，后来，从其中炼取了82113.24克黄金。

(12) 最大的天然银块

最大的天然银块为1 026 415.5克，在墨西哥的索娜拉被发现。

◆自然块金

矿物与人类美容

大自然各种各样的矿物元素不仅与人类的身体健康有关，还对人类有美容的作用。皮肤是人体的重要组成部分，它既受整体生命活动的影响，又是健康活力的反映。矿物元素对人体很重要，目前，很多化妆品都添加了各种元素，用来保养皮肤。实际上，人体皮肤状况与矿物元素密切相关。

人体的皮肤是由细胞构成的，细胞要维持生命就必须进行最基本的代谢活动。它要吸取营养，再转化为能量及繁殖需要的物质，排出反应产生的废物。钾、钠、钙、氯是维持细胞内外电解质平衡、酸碱平衡的重要元素，它们又受镁的调控。生命活动是成千上万次复杂的生化反应，它们只有在各种专用生物酶的催化下才能完成，这些酶的活性中心是矿物元素。如高温、高压汽油在汽缸内产生的强大推力是汽车动力的唯一来源，它们只有在火花塞——生物酶的作用下才能爆燃，而矿物元素就好象是火花塞的放电。电流太小、活性小，汽油与氧反应不完全，产生的推力过小；电流过大、活性过高，瞬间过度爆燃会炸裂汽缸。所以体内矿物元素的含量必须合适，过多、过少都不行。要保证体内新陈代谢正常进行，人体的矿物元素必须处于均衡状态。下面就介绍一些矿物元素的美容作用。

（1）锌

皮肤含锌占人体总量的15%～20%，而且表皮比真皮高5～6倍。锌参与纤维细胞的增生和胶原蛋白的合成。皮肤出现创伤时，含锌量增加。锌可激发多种核白吞噬细胞，提高机体免疫力，抑制和杀死细菌，有消炎作用。锌能促进VA的合成，防止毛囊的过度角化，利于皮脂的排

◆镁

泄，从而防治痤疮。

（2）镁

镁可以促进细胞神经酰胺的分泌，而神经酰胺又是皮肤表层角质层细胞的粘合剂，可以防止皮肤松驰和皱纹的产生。

（3）铁

铁是血红蛋白的必须成分，它参与氧在体内的输送。皮肤颜色受4种色素的调节，氧合血红蛋白能增加皮肤红色。体内缺铁时，需氧的细胞代谢低下，脸色苍白，补铁后面色红润、美丽。经期妇女出血过多，易患缺铁性贫血，更年期妇女也如此。人体汗液过多、表皮脱落，都会丢铁。缺铁使粘膜变性，出现瘙痒症，这些状况都需要补充铁。

（4）铜

皮肤、毛发的黑色素是酪氨酸在含铜的酪氨酸酶催化下生成的。缺铜使黑色素合成障碍，皮肤、毛发异常变白。铜还参与皮肤胶原蛋白的合成，因此与皮肤弹性密切相关。缺铜使胶原蛋白合成减少，皮肤干燥、变薄。铜还是SOD的活性成份，它能清除细胞中的自由基。自由基与蛋白质交联后会产生不溶蛋自，使结缔组织变韧，长度缩短，致皮肤失去膨胀力，产生皱纹。自由基使细胞膜发生脂质过氧化，分解出丙二醇，它能与一些有机物合成紫褐质老年斑。所以铜有抗皱、祛斑、延缓皮肤衰老的作用。

（5）硅

人体皮肤、主动脉、胸腺中含硅较高，含量随年龄增长而下降。硅是胶原纤维中单个粘多糖链内部及彼此间的连接剂，而且还把粘多糖联接到蛋白质上。所以硅决定了结缔组织的弹性的强度，是结缔组织正

◆硅

常发育的必需品。缺硅使皮肤表面不平整，脂肪组织出现蜂窝状凝块。

(6) 硒

硒是人体内最重要的自由基清除剂——谷胱甘肽过氧化物酶的活性中心。缺硒易使皮肤细胞变性，发生脂质过氧化，造成细胞死亡，出现老年斑。硒还能增强机体抵抗力，促进黑色素的恢复，延缓皮肤衰老。

(7) 铬

皮肤中铬占人体总量的37%，铬在脂质代谢中起重要作用，皮肤和毛发中铬的含量随年龄增加而下降。铬可促进皮肤表面的微循环，很多化妆品中含有正三价铬离子。

(8) 钙

皮肤的表皮角质层和毛囊中含钙较高，钙影响表皮细胞的生长和分化。

(9) 锗

氨基酸锗氧化物能防止皮肤细胞的脂质过氧化，维持皮肤弹性、减缓皱纹出现，可消除因日照、分娩引起的异常色素斑，有增白、美容的效果。

(10) 碘

碘是合成甲状腺素的必需元素，它能刺激头发生长。

(11) 金

人体内金过量时，皮肤会出现结节性红斑、皮疹、银屑病型皮炎等。

矿物是人类生活资料的重要来源。如果没有矿物的开采利用，人类社会还很可能处在原始状态。人类几乎所有生活用品，都离不开

矿物。人类居住的房屋，几乎都离不开钢筋、水泥；做饭用的厨具离不开铁、铝、钢等；电视机、电风扇、计算机的零配件都或多或少离不开金属和非金属矿物的参与；交通工具汽车、火车、飞机、轮船等的制造，离开了矿物的利用将会是很困难的；人类穿的衣服、保暖的被褥，大多都含有化纤和尼龙（全棉的除外），这些化纤和尼龙大多都是石油化工的产物。

同时，矿物还是人类生产资料的重要来源。假如没有足够的石油、天然气和煤的供应，许多工厂将陷于瘫痪，现在的大部分汽车、火车、飞机将无法开动，许多地方的夜晚将会成为一片黑暗。尽管太阳能、核能、水能、地热能、潮汐能、波浪能的开发利用越来越广泛，但到目前为止，天然矿质燃料仍然是世界主要的能源。这些矿质燃料来自岩石圈。地热能也是来自岩石圈或通过岩石圈到达地表的。核能的原料，相当一部分也来自岩石圈。

◆岩　石

人类进化的程度以及人类改造世界的程度，与人类利用矿物资源的程度密切相关。能否制造工具是区别人与猿的根本的标志。随着人类对金属矿床的利用和冶炼技术的发展，人类从石器时代、陶器时代，演进到铜器时代和铁器时代，人类对自然的改造能力大大加强，对自然的影响范围明显扩大。

因此，在人类的生产生活中，几乎每天都离不开矿物。矿物是人类社会进步和发展不可或缺的东西。

随着社会的进步，人类对各种材料的需求更加提高，这就使得人类需要研究出新的满足人类需求的东西，同时，由于科技的进步，为人类研究新的物品提供了前提。然而，这些全部都是建立在矿物的基础上。

◆自然铂

目前，人类在高科技上使用矿物的数量更是可观，例如：无线电工业用的压电性材料就是天然的石英晶体。由于不同矿物的导电性不同，可以直接用作电气工业材料。如白云母作为绝缘材料，石墨用作电极材料。还有一部分是由矿物提炼成钛（钛铁矿）、铜（黄铜矿等）、铝（铝土矿等）、锡（锡石等）等制成管、板、丝等产品用在各个方面。含有稀有元素和贵重元素的矿物有绿柱石、自然铂、自然金、自然银、锂云母、硼酸铵石、硬硼酸钙石、各种稀土矿物、还有各种含镁的矿物、含铝的矿物等等。含铌和钽的矿物也非常重要，它们都是国防工业的重要物质原料。

在农业上，各种化肥如磷（磷灰石）、钾（钾盐）等几乎都是从天然矿物中提取的。除此之外，核材料的生产，是由含放射性矿物所提取的放射性元素而得到的。主要的放射性矿物有沥青铀矿、晶质铀矿、铀黑等。防辐射的矿物有蓝石棉，它可以织布，制作成防辐射产品。方铅矿提炼出铅金属，制作成铅板、铅丝、铅玻璃是公认的防放射线辐照的产品。另外，耐高温的矿物还有石棉、火山玻璃等。

除了利用矿物的成分外，另

◆钽铁矿

一方面就是利用矿物的各种物理特性。

利用矿物的成分主要有以下这些方面：

（1）冶金工业

从矿物中提取有用元素，冶炼成各种工业需要的金属。最重要的是从磁铁矿、赤铁矿中提取铁；从方铅矿中提取铅；从黄铜矿、斑铜矿中提取铜；从铬铁矿中提取铬等。我国产量最高的矿物为黑钨矿，从中提取的钨占世界第一位；我国湖南是世界著名的辉锑矿产地，从中提取大量的锑；内蒙古白云鄂博的稀土矿床中用于提取铈族稀土元素的氟碳铈矿在世界上也属最富。国防工业中所需的金属如铍是从石中提取的，铌、钽是从铌铁矿、钽铁矿中提取的，原子能工业中的钠是从晶质钠矿中提取的。

矿物中除了主要元素外还会混入些微量元素，如闪钠矿中常有镉、锢、锗混入，这些元素称为分散元素，而这些金属在电子工业上有重要的用途。我们也在提取主要元素时提取这些分散元素炼成金属。

（2）化工原料

萤石可提取制成氢氟酸，黄铁矿可制成硫酸等。

（3）农业

作为农业增产的肥料，除了一些合成肥料外，钾盐作为钾肥，磷灰石作为磷肥的来源。

利用矿物的物理特性主要体现在这些方面：

（1）光学性质

最早是利用方解石、石英、萤

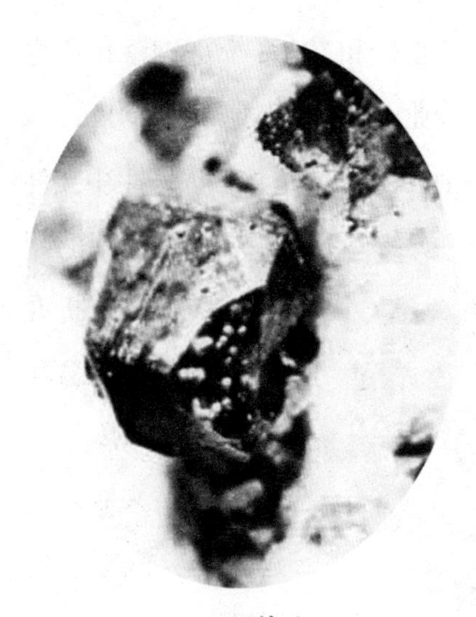

◆闪锌矿

石作为光学仪器上的棱镜，随后又发现许多矿物有特性的光学特性。

1960年发现宝石（刚玉）可作为激光发射材料产生激光的关键材料。硫镉矿单晶具有特殊的光弹性可用于雷达上。彩钼铅矿具有声光效应在声波作用下可以产生光的衍射。白钨、全绿宝石有光色作用，百钨在日光下呈白色，在紫外线下呈紫色，全绿宝石在日光下呈绿色在灯光下呈红色，可用于激光全息记录和存储。闪锌矿的单晶体用作紫外半导体激光材料。

（2）电子性质

最常见的是用铜做电线中的导电材料。金刚石2型是重要的半导体仪器。方铅石可作为近红外线的主要光电变换材料，主要用于卫星探测、军事侦察、医用热图象仪器等领域。石英具有压电性，多用于雷达、通讯、微处理机等方面。云母、滑石则可作为绝缘材料。

（3）力学性质

主要用作研磨及切割材料，凡是矿物硬度大于摩氏7度的矿物都可利用，硬度最大的是金刚石，其次有刚玉、黄玉、石英等。

（4）其他性质

由于石棉导热系数低，可用作保温材料，如石棉板等制品均可做隔热材料。熔点高的矿物如莫来石等可作耐火材料原料。沸石、凹凸棒石、蒙脱石、坡楼石、海泡石等许多矿物有吸附性和阳离子等交换作用的矿物可以清除废水中的有毒元素和重金属元素，是一种过滤材料可吸附气体、液体中的杂质，如制造啤酒时可用于除去杂质，是用

◆蒙脱石

于处理水污染的重要原料。

人类的生产生活都离不开矿物，但是矿物资源又是有限的。据美国矿物地质工业局统计，目前每个美国人一年要耗用20吨新采矿物原料，还不包括重复使用的和建筑材料。

据专家预计，如果矿物开采保持目前的水平，那么现在出生的美国人一人一生中将要消耗350千克锡（用于汽车电池和电子设备等）、300千克锌（用于制造青铜、钢铁构件镀层以及橡胶、染料工业）和700多千克铜（用于电子工业、发动机、导线等）。铝的消耗更大，平均每人一生中要耗费约1.5吨，这是因为铝的用途很广，从飞机到折叠家具，以及罐头盒和日常用品都离不开铝。至于用来制造船舶、建筑物、汽车、厨房用品等的铁，平均每人一生要耗用15吨。

除了金属矿物外，平均每人还要消耗12吨粘土（用于制造砖瓦、纸张、涂料、玻璃和陶器等）；食品工业、塑料工业、医药工业以及交通运输业等都要使用盐，据计算，平均每人一生要用盐13吨；另外，一人一生中还需要500多吨石头、砂石和水泥等建筑材料。专家们认为，矿物的消耗是十分惊人的，而地球上的矿物资源又是有限的，因此，人类要科学合理地保护和利用矿物。

第五章
矿物的珍闻轶事

中国历史悠久，在很早的时候，人们就对玉石之类就倍加喜爱，很多人认为玉石能起到驱除疾病等的灵性作用。由于人们对宝石的追逐，由此引起了很多有趣而且神奇的故事，这也给宝石蒙上了一层神秘色彩，更增添了人们的猎奇兴趣。

玉石不仅仅产生各种各样的故事，让人们好奇。同时，大自然这个鬼斧神工的天然造就师创造出了各种各样、千奇百怪、形态各异的奇珍异石，让人们大开眼界。这些奇珍异石也因此特殊而价值不菲，也给人们增添了无限的乐趣。

本章主要讲述一些有关矿物的一些珍闻轶事，如四大钻石传奇、“愚人金”、钻石传说、“鸳鸯石”等的有趣介绍，从中不仅可以对一些特别的矿石有个大致的了解，还能增加人们的兴趣，从而使得读者更加关注生活，发现生活中的美，热爱生活。

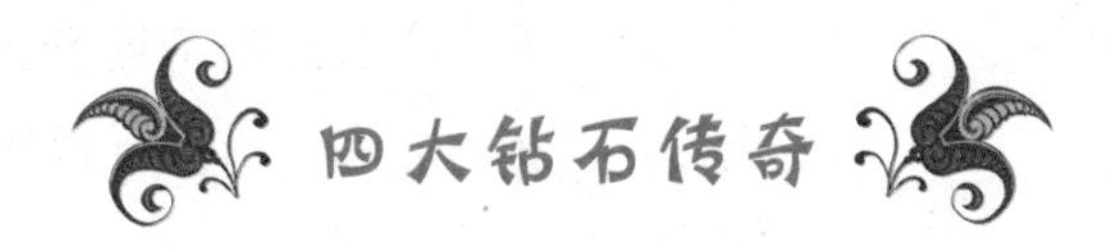

四大钻石传奇

提到钻石，人们就会不约而同地想到财富、地位和荣耀。确实，经过人工琢磨的钻石光彩夺目、灿烂无比，历来被誉为“宝石之王”，大颗粒的钻石更是稀世珍宝，人们更是爱不释手。

钻石的历史源远流长，在它身上凝聚了太多人的渴望和梦想。早期的殖民者远征时，钻石就是他们掠夺的重要对象。有时侯，为了得到一颗著名的钻石，甚至可以引起国与国之间的争斗，最动人心魄的传奇恐怕要数“南非之星”“摄政王”“光明之山”和“蓝色希望”这几颗钻石了。

◎ 南非之星

“南非之星”的英文名称为Star of South Africa，梨形琢刻形状，重47.55克拉，无色，原钻石重83.5克拉，原产于南非，是一颗极优质的净水钻。

1866年，南非金伯利城的一个女孩拾到一颗巨大的金刚石，把它送给了猎人尼科克。后来经过多次转手，金刚石以当时的价值12500英磅卖给利立非公司。金伯利城有金刚石的消息像闪电一样迅速震动了整个南非，并传遍了全世界。于是世界各国的觅宝者，经商的弃商，务农的弃农，蜂拥而至金伯利城寻找金刚石。曾有人在鸭嗉子里发现了金刚石，结果全城的鸭子一天之内都被杀光。后来人们发现金伯利附近河流的冲积物里有金刚石，就顺河追索，最后在附近发现了金刚石原生矿，从此南非成为世界钻石的主要产地。

1974年，“南非之星”在日内

瓦拍卖。

◎ **摄政王**

“摄政王”的英文名称为Regent，无色，重140.5克拉，古垫形琢刻形状，原产于印度，现收藏于法国巴黎卢浮宫阿波罗艺术馆。

传说，1701年，印度的一个奴隶找到一颗重约400克拉的金刚石，他为了把宝石带出矿山，忍痛割破自己的大腿，将宝石藏在皮肉之中，然后缠上绑带，逃出了矿区，但后来他在出海的船上被船长抢走宝石后葬身大海。船长得到宝石后将其卖给了商人。经过多次转手，宝石落到了英国总督手中，但几次战争之后，宝石最终落户于法国。这颗特大型金刚石就是现在的世界著名巨钻——摄政王。

◎ **光明之山**

“光明之山”的英文名称为Kon-I-Noor，椭圆形琢刻形状，重108.97克拉，无色，原产于印度戈尔康达，在世界著名钻石中排名第三十三位。

据说，“光明之山”的原石重800克拉，经过宝石工匠第一次磨制后成为191克拉的大钻，以后又被重新磨制为108.97克拉。这颗大

◆“摄政王”

◆“光明之山”

钻石原来归印度莫卧儿皇帝所有，1739年被波斯皇帝纳狄尔夺走。1747年纳狄尔遭到暗杀，贵族阿贝德尔趁机抢夺了这颗钻石。1849年在英国吞并印度的旁遮普战争中，英国总督戴胥勋爵夺取了这颗宝石，并在后来贡献给了英国维多利亚女王。最后，“光明之山”钻石被永久镶嵌在了英王的皇冠上。

◎蓝色希望

“蓝色希望”的英文名称为Hope Blue，椭圆型琢刻形状，重44.53克拉，深蓝色，原产于印度西南部，是极其罕见的稀世珍品，现存于美国华盛顿史密森博物馆。

大约在公元1642年，有人在印度的基斯特的砂层中发现了一颗大金刚石，重112克拉，把它镶在了神像上，以求神灵保佑。但也许是宝石的震撼让神灵闭上了眼睛，从此伴生着“蓝色希望”的是奇特而悲惨的经历，每位拥有它的人都难以抗拒人财两空的噩运。

有一个僧人因为偷了它被人发现，后被活活烧死。由于种种原因，这颗金刚石几次转手，被法国皇帝路易十四获得，磨成重69.03克拉的钻石，但他仅戴了一次，不久便患天花死去。后来，法国皇室的兰伯娜公主、路易十六和皇后都因为这块宝石被杀身亡。1792年在法国国库中被盗，1830年重新出现，但已被磨成45.5克拉的钻石。荷兰的一位宝石匠费尽心机得到了这块宝石，结果被他的儿子偷走，宝石匠一气之下自杀身亡。1911年，美国华盛顿邮政局长麦克兰用151 000美元买下了这颗宝石，两年后他的结局也特别悲惨，儿子在车祸中丧生，麦克兰去世，女儿服安眠药自杀身亡。

最后，1958年美国的另一位富翁著名的珠宝商温斯顿先生买下了这颗宝石，他将这颗宝石作为珍贵的厚礼，无偿献给了美国华盛顿史密森博物馆，供游人观赏。

自从进了博物馆，附着在“蓝色希望”身上的恶梦也终告结束。

◆黄铁矿

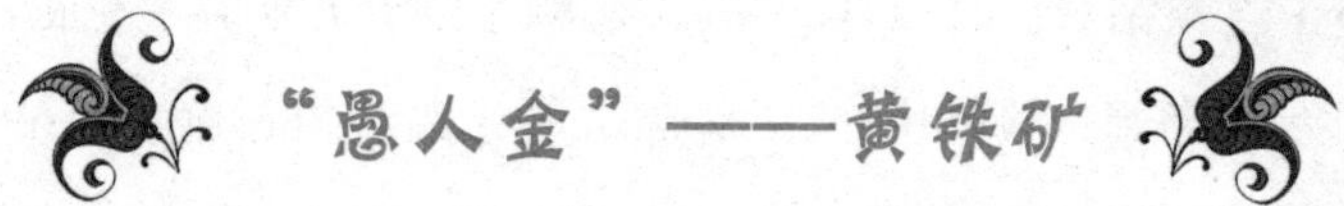

“愚人金”——黄铁矿

黄铁矿因其浅黄铜的颜色和明亮的金属光泽，人们常常误认为它是黄金，故又称为“愚人金”。

黄铁矿是铁的二硫化物。纯黄铁矿中含有46.67%的铁和53.33%的硫。一般将黄铁矿作为生产硫磺和硫酸的原料，而不是用作提炼铁的原料，因为提炼铁有更好的铁矿石。黄铁矿分布广泛，在很多矿石和岩石中包括煤中都可以见到它们的影子。一般为黄铜色立方体样子。黄铁矿风化后会变成褐铁矿或黄钾铁矾。

黄铁矿化学成分是FeS_2，晶体属等轴晶系的硫化物矿物。成分中通常含钴、镍和硒，具有NaCl型晶体结构。常有完好的晶形，呈立方体、八面体、五角十二面体及其聚形。立方体晶面上有与晶棱平行的条纹，各晶面上的条纹相互垂直。集合体呈致密块状、粒状或结核状。浅黄（铜黄）色，条痕绿黑色，强金属光泽，不透明，无解理，参差状断口。摩氏硬度较大，达6~6.5，小刀刻不动。比重4.9~5.2。在地表条件下易风化为褐铁矿。

如何识别“愚人金”和真正的黄金呢？只要拿它在不带釉的白瓷板上一划，一看划出的条痕（即留在白瓷板上的粉末），就会真假分明了。金矿的条痕是金黄色的，黄铁矿的条痕是绿黑色的。另外，还可以用手掂一下，手感特别重的是黄金，因为自然金的比重是15.6～18.3，而黄铁矿只有4.9～5.2。

黄铁矿是分布最广泛的硫化物矿物，在各类岩石中都可出现。黄铁矿是提取硫和制造硫酸的主要原料，它还是一种非常廉价的古宝石。在英国维多利亚女王时代（公元1837—1901年），人们都喜欢用这种具有特殊形态和观赏价值的宝石作饰品。它除了用于磨制宝石外，还可以做珠宝玉器和其它工艺品的底座。世界著名的黄铁矿产地有西班牙里奥廷托、捷克、斯洛伐克和美国。中国黄铁矿的储量居世界前列，著名产地有广东英德和云浮、安徽马鞍山、甘肃白银厂等。

“鸳鸯石”——雌黄雄黄

矿物世界中，经常会有两种以上的矿物共生在一起的现象。有一种含砷的硫化物，犹如一对鸳鸯，常常被人们发现共生在一个矿物上，它们就是雌黄和雄黄。雌黄的化学成分为As_2S_3，雄黄的化学成分为AsS。

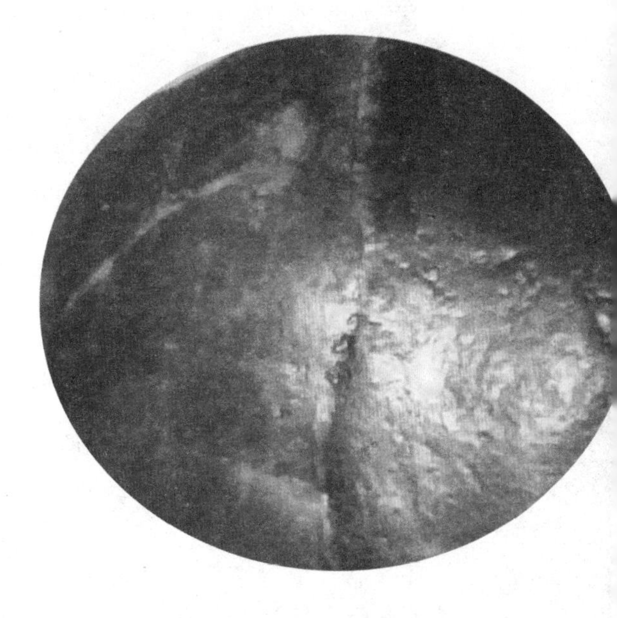

◆鸳鸯石

雌黄常呈柠檬黄色，条痕鲜黄色，金刚光泽至油脂光泽，透明，晶体形态常呈短柱状、板状或片状。其硬度1～2，比重

3.4～3.5。雄黄常呈桔红色，条痕浅桔红色，晶面为金刚光泽，断口显油脂光泽，透明到半透明。雄黄具多组解理，晶体形态多为短柱状，硬度1.5～2，比重3.4～3.6。

雌黄和雄黄的硬度均较小，解理有发育，很少能琢磨成型。但是它们同时都具有晶莹美丽的颜色，当晶形发育完整时，可以做为观赏石或收藏品收藏。因它们硬度小，易于损坏，所以不能制作饰品佩戴。

雌黄还可以用来制成颜料或做退色剂，是提取砷和硫的重要矿物。雄黄也可以制农药、染料，提取硫，制造硫酸，中医可以入药，民间用它做雄黄酒，在端午节时饮用。

我国发现的最大雄黄晶体，产于湖南石门，长8厘米，宽5.4厘米，高3.5厘米，重255.3206克，为世界罕见，现收藏于北京大学地质陈列馆内。

天下第一奇石

天下第一奇石——灵璧石，是全赖于大自然天工神镂的华夏艺术瑰宝，被清朝乾隆皇帝御封为“天下第一石”。灵璧石出于安徽省灵璧县北部磬石云山北平畴间，经古泗水亿万年的波涛冲击，峰峦洞壑，状物肖形，千态万状。又因其是10亿年前海藻化石，色泽黝黑天成，扣之铿然有声，从不同角度敲击能发生1234567i八个音节，故又名“八音石”。灵璧石亦褒称“灵璧”，以其瘦、透、漏、皱、伛、黑、声、丑、悬九美俱备而名扬天下、威振四方、品位至高至尊。其妙造天成的诱人魅力在于它集声、色、形、质、纹诸美于一体，有着无比丰富的美学内涵和

◆灵璧石

极高的观赏收藏价值。“灵璧一石天下奇，声如青铜色如玉”，这是宋代诗人方岩对灵璧石发出的由衷赞叹。灵璧石开发极早，早在《尚书·禹贡》中，就有徐州上贡“泗滨浮磬”的记录。灵璧石为世人瞩目，已有三四千年的历史。在供石家族中历来占据显赫的地位。《云林石谱》汇载石品一百一十六种，灵璧石被放在首位介绍；明人文震亨撰写《长物志》，称“石以灵璧为上，英石次之”。自古以来，有名的藏石家也无不藏有灵璧珍品，其中叫得出名的就有苏轼的“小蓬莱”、范成大的“小峨眉”、赵孟顺的“五老峰”，等等。

能“爆米花”的矿物和岩石

在每个人的记忆中，小时候吃过的爆米花人们一般记忆犹深。可是，你是否试过把一块岩石放进爆米花机中去呢？几乎没有人能想到这样的事情，如果真把岩石放进爆米花机中会是什么样子呢？还真不知道会有怎样的效果。不过，用不着爆米花机，一样可以让岩石变成“爆米花”。虽然不能吃，但是其用处却不可小觑。

蛭石和云母很相像，成片状，在土壤中的蛭石颗粒很细小，只有几个微米，大颗粒的蛭石可以见到它呈较厚的片，不容易像云母那样能分离成很薄的片状。蛭石都带点颜色，如褐色、黄褐色、金黄色、暗绿色等。也不像云母那么光亮，它给人一种油脂感觉。把它剥成片时这种薄片没有弹性，只有挠性。当把蛭石小碎片放在火上烧时，它很迅速地膨胀，由薄薄的一片而变成体积增大10～20倍，最高可达

30～40倍。经过灼烧后的蛭石体积膨胀弯曲，可以浮在水面上，颜色也由原来的绿色变成浅金黄色、银白色，在水上浮动如水蛭（蚂蟥）似的，也由此而得名。

蛭石为什么会有这种加热膨胀的性能呢？这和蛭石的成分以及它的内部结构有关系。

当加热蛭石时，含在层状结构之间的水分子变为蒸汽，其产生的压力使层片被迅速撑开，所以出现了膨胀，膨胀后的矿物相对密度变小，由原来的2.4～2.7变成0.6～0.9，所以可浮游于水上（水的相对密度为1）。

膨胀后的蛭石有很优良的隔音性、绝热性、阻燃性、绝缘性、阳离子交换性能等。因此蛭石被广泛应用于许多部门。如因为蛭石的导热系数很低，可以用做隔热（保温）层做输气、输水、输油管的包裹材料，可大大节约能源。又由于它的相对密度仅为砂石的1/7，可以制作成砖块、屋顶板等用于高层建筑的墙体等。由于蛭石层间含有可交换的阳离子，因此可用于环保，用来处理废水或吸附水面的油污以净化环境。

在农业上可用它储水保墒使土壤的透气性、含水性变好，使土壤的结构得以改善，它对干旱地区砂质土壤的改良有很好的效果。在园艺方面，膨胀蛭石可用于花卉、蔬菜、水果的栽培、育苗等，对于草坪的种植也很适宜。由于它可以使作物从生长初期就能获得充足的水分和营养元素，所以能使植物快速生长。试验显示，将0.5%～1%的膨胀蛭石掺入到复合肥料中，可使农作物增产15%～20%。也可将膨胀蛭石用于畜牧业做饲料添加剂，做吸收剂、固着剂等，饲料中加入膨胀蛭石后，它可吸收饲料中的有毒物质，使奶、蛋的质量得以改善，可使牲口的粪便臭味减小，湿度减小，延缓腐烂使牲口家畜的生长环境得以改善。

另一种具有“爆米花”特点的

◆珍珠岩

岩石叫珍珠岩。珍珠岩家族中还包括松脂岩和黑曜光，它们都属于火山玻璃，而用得多的是珍珠岩。珍珠岩类是因火山喷发后吸酸的（SiO_2含量高）熔浆逐渐冷凝而成的岩石，由于在冷凝过程中因收缩而使其内部形成圆弧形裂纹而冠以“珍珠岩”美名。

珍珠岩往往成层状、透镜状产出，都可以露天开采。珍珠岩外表看呈各种颜色，如浅褐色、灰白色、黄白色、绿色等。珍珠岩质硬而脆，有较强的玻璃光泽，碎块呈片状，边缘可以很锋利、尖锐，断面上常可见到贝壳状条纹。

珍珠岩有很高的耐火度，如内蒙某地的珍珠岩，经北京冶建研究院的测定其耐火度达1200℃～1330℃。

珍珠岩石所以有“爆米花”性质主要在于其成分中含水。因含水，将细粒级（0.4毫米左右）珍珠岩在一定温度下进行瞬时焙烧，所含的水汽化使小颗粒膨胀如同一粒粒白色颗粒“爆米花”。它内部有很多孔洞，这种就叫膨胀珍珠岩。珍珠岩成分中的含水量和含铁量对其膨胀性影响很大，含水少而含铁量高就不利于膨胀。膨胀珍珠岩白色、无臭无味，相对密度很小，71千克/立方米，导热系数低0.06～0.07W/MK，因此膨胀珍珠岩如同膨胀蛭石一样可用于建筑，做轻型建材，有好的隔音、隔热、节能、保温等优良性能，也可用于环保、农林、畜牧业以及食品饮料工业。

珍珠岩在我国分布广泛，尤以东南沿海诸省及中南地区以及东北、内蒙地区较为集中。

比黄金“身价”还高的石头

石头真的会比黄金的身价还高？似乎不太可能，但是确实是有，那就是田黄石。

田黄石，产于福建福州市北郊寿山村的田坑，是寿山石中的珍品。由于它有“福”（福建）、“寿”（寿山）、“田”（财富）、“黄”（皇帝专用色）之寓意，具备细、洁、润、腻、温、凝印石之六德，故称之为“帝石”，并成为清朝祭天专用的国石。

史载，清时福建巡抚用一整块上等田黄雕刻了“三连章”，乾隆皇帝奉为至宝，清室代代相传；咸丰帝临终时，赐予慈禧一方田黄御玺；末代皇朝解体，溥仪不要所有珍宝，只将那枚“三连章”缝在棉衣里。

◆田黄石

民间相传，田黄石是女娲补天时遗留在人间的宝石，又说是凤凰鸟所变，还传田黄石可驱灾避邪，藏者能益寿延年等等。这些都给田黄石蒙上了许多神秘色彩，故田黄石一直是收藏家梦寐以求的至宝。

田黄石究竟从何而得名？简言之，就是在稻田里发现的黄色彩石。

田黄石之所以珍稀的另一个原因是：因为地球上只有福建寿山村一条小溪两旁数里狭长的水田底下砂层才有。且经过数百年来的连续掘采，寿山村的水田已被翻掘了无数次，目前已开采殆尽，剩的田黄石早已是无价之宝。古时即有“一两田黄一两金”之说，而今田黄之身价涨势迅猛，“两”对“斤”都不止了。

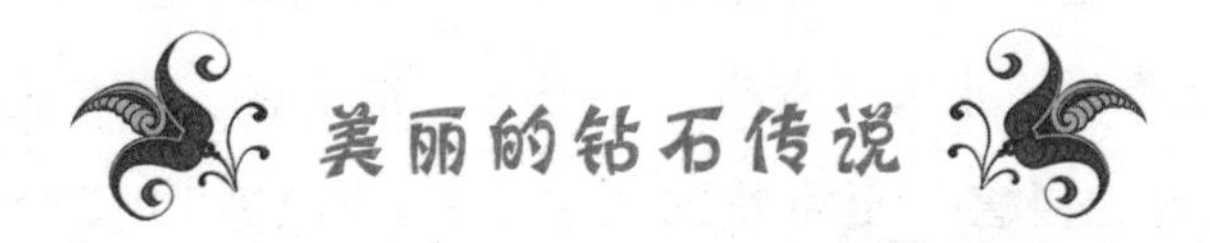

美丽的钻石传说

传说，大约3000年前，一位古德拉威人在太阳炙烤下的印度中部高原上耕作，突然，他被一块闪闪发光的小圆石吸引住了，这个晶莹剔透的小东西，神秘、珍奇、美丽得令人痴迷，浑身上下透着诱人的气息，它就是人们最初看到的钻石。

◆钻　石

没过多久，聪明的古德拉威人就发现了钻石坚硬的品质。从他们留在岩洞里的铭文获知，当时的工具尖端已经镶上钻石，用来切磨其他东西了。钻石的摩氏硬度（指宝石抵抗外力刻划的能力）为10，在宝石中指数最高。在钻石的美丽尚未充分展现之前，它的坚硬和耐火性，在人们眼中具有一种神秘的力量。

开始，人们曾以为钻石坚不可摧。一位古罗马学者这样描述：当人们把钻石放在铁砧上用锤子敲打它的时候，“它会产生一种巨大的回击力，使得锤子和铁砧都迸裂成碎片”。这一说法持续了很久，直到1476年，一群士兵用锤子敲击钻石以验证真假，结果钻石成了碎

末。

独特的品质使钻石蒙上了一层神秘的色彩，古印度关于宝石的一本专著《游吟佛者》中这样写道：佩戴钻石的人，能免遭毒蛇、水火、毒药、疾并偷盗和妖术的侵害。更奇特的是，在古代和中世纪的哲人眼中，钻石还有生命，“也分男女”，能够自由繁衍，“生出小钻石”，甚至连柏拉图都这样认为。

钻石的硬度虽然早早就为人们所知并加以利用，但它的表层总是黏黏稠稠，只能偶尔闪现一道耀眼的光芒。进入17世纪后，先后出现的“玫瑰状切磨”和“明亮式切磨”工艺，使钻石深藏于内的美丽被淋漓尽致地开掘出来。前者使钻石“像一朵绽放的玫瑰”，后者能将钻石切磨成58个面，使其释放出夺目的光芒和变幻莫测的色彩。这时，钻石变得炙手可热，王公贵族对它的挥霍铺张也达到空前绝后的程度。路易十四的一件黑礼服上镶着的钻石价值高达1200万英镑。路易十五打算送给情人的一条项链，由647颗完美无瑕的白钻组成，总重量达2880克拉。

克拉作为宝石的重量单位，来源于地中海地区的角豆树的种子——稻子豆，其重量多在200毫克左右。1克拉等于0.2克或200毫克。

有人测算过，大约每挖掘250吨矿石，能产出一克拉钻石。号称“世界之最”的库利南钻石，原石重3106克拉，3个技艺超群的工匠，每天工作14小时，耗时8个月，才将它分割成4颗大钻和101颗小钻。这种稀有和难得正是钻石的珍贵之处。

很久以来，钻石被人们视为权力、威严、地位和富贵的象征，与爱情无关。1477年，奥地利的马克西米连一世在与法国玛丽公主定亲时，将一枚镶有钻石的指环戴在了公主的手上。从此，钻石与婚姻携手，成了天下男人希望“抱得美人归”的标志性礼品，“钻石恒久远，一颗永流传。”男人如愿，女人如意。